"十二五"全国计算机专业课程规划教材

计算机应用基础实验
Windows 7 + Office 2010

编著/段晓婧

海洋出版社

2014年·北京

内 容 简 介

本书是依据教育部意见编写，参照大学计算机基础课程目标，结合计算机技术发展和应用实际，以计算机应用基础为主要内容，以在大学生中普及计算机文化为主要目的。

注重学生**素质养成**，在突出知识性和基础性的同时，强调素质养成和技能性要求，为后续专业学习和终身学习以及高质量就业做好铺垫；注重**学用结合**，鼓励学生使用学到的知识解决本专业的实际问题，有重点地将专业理论与计算机实践联系起来；注重**知识模块化**，将内容切分成相对独立的若干模块，以任务加案例的形式组织教学，实际案例贯穿整个教学过程，用有实用背景的任务做实训强化，使学生学习既有兴趣，又有的放矢，学后知道用在哪、怎么用，富有成就感；注重**多媒体教学**，充分发挥多媒体课件在教学中的作用。

全书内容包括：计算机操作基础、Windows 7 操作系统、Word 文字处理、Excel 表格处理、PowerPoint 幻灯演示、计算机网络。本书是《计算机应用基础教程 Windows 7 + Office 2010》配套实验用书。

本书由青岛科技大学段晓婧编著，段晓婧负责编写本书的第1、2、3、5章，并对全书统稿与审查，太原师范学院杨文彬负责编写本书的第4、6章。

本书适用于各类高等学校计算机基础课程教学，也可作为广大初、中级读者实用的自学指导书。

图书在版编目(CIP)数据

计算机应用基础实验：Windows 7+Office 2010 /段晓婧编著. -- 北京：海洋出版社,2014.8（2015.8 重印）
ISBN 978-7-5027-8944-2

Ⅰ.①计… Ⅱ.①段… Ⅲ.①Windows 操作系统－高等学校－教学参考资料 ②办公自动化－应用软件－高等学校－教学参考资料 Ⅳ.①TP316.7②TP317.1

中国版本图书馆 CIP 数据核字(2014)第 204124 号

策　　划：李　志	发　行　部：(010) 62174379（传真）(010) 62132549
责任编辑：赵　武	(010) 68038093（邮购）(010) 62100077
责任校对：肖新民	网　　　址：www.oceanpress.com.cn
责任印制：赵麟苏	技术支持：(010) 62100052
排　　版：海洋计算机图书输出中心　晓阳	承　　印：北京朝阳印刷厂有限责任公司
出版发行：海洋出版社	版　　次：2015 年 8 月第 1 版第 2 次印刷
	开　　本：787mm×1092mm　1/16
地　　址：北京市海淀区大慧寺路 8 号（716 房间）	印　　张：9.5
100081	字　　数：220 千字
经　　销：新华书店	定　　价：26.00 元

本书如有印、装质量问题可与发行部调换

目 录

第 1 章　计算机操作基础 ……………………… 1
　1.1　计算机的基础操作 …………………… 1
　　　1.1.1　计算机实验室环境和计算机
　　　　　　的硬件组成 ……………………… 1
　　　1.1.2　键盘和鼠标的组成与使用 …… 2
　　　1.1.3　键盘指法 ……………………… 4
　　　1.1.4　中文输入法的应用 …………… 7
　1.2　本章习题 ………………………………… 8

第 2 章　Windows 7 操作系统 ………………… 20
　2.1　Windows 7 的基本操作 ……………… 20
　　　2.1.1　Windows 7 的启动与关闭 …… 20
　　　2.1.2　启动应用软件 ………………… 21
　　　2.1.3　排列桌面上的图标 …………… 21
　　　2.1.4　磁盘卷标的设置 ……………… 22
　2.2　新建文件与文件夹 …………………… 22
　　　2.2.1　新建文件夹 …………………… 23
　　　2.2.2　新建空白文件 ………………… 24
　2.3　创建快捷方式 ………………………… 25
　　　2.3.1　创建桌面快捷方式 …………… 25
　　　2.3.2　在文件夹中创建快捷方式 …… 25
　　　2.3.3　在"开始"菜单或子菜单中
　　　　　　添加快捷方式 ………………… 26
　2.4　文件或文件夹的属性设置与重
　　　　命名 …………………………………… 26
　　　2.4.1　文件夹选项设置 ……………… 27
　　　2.4.2　文件或文件夹的属性设置 …… 27
　　　2.4.3　文件或文件夹的重命名 ……… 28
　2.5　文件或文件夹的复制与移动 ………… 28
　　　2.5.1　文件或文件夹的复制 ………… 28
　　　2.5.2　文件或文件夹的移动 ………… 29
　2.6　文件或文件夹的删除与文件的
　　　　压缩 …………………………………… 30
　　　2.6.1　文件或文件夹的删除 ………… 31

　　　2.6.2　回收站的删除操作 …………… 31
　　　2.6.3　文件的压缩 …………………… 32
　2.7　Windows 7 自带的实用程序 ………… 32
　　　2.7.1　控制面板 ……………………… 32
　　　2.7.2　附件 …………………………… 32
　2.8　本章习题 ……………………………… 33

第 3 章　Word 文字处理 ……………………… 44
　3.1　Word 2010 文档编辑基础 …………… 44
　　　3.1.1　Word 文档基本操作 ………… 44
　　　3.1.2　文档的格式设置 ……………… 45
　3.2　使用表格和常见对象 ………………… 48
　　　3.2.1　创建和编辑表格 ……………… 49
　　　3.2.2　使用图形和图文混排 ………… 52
　3.3　使用样式格式化文档 ………………… 54
　　　3.3.1　新建和修改样式 ……………… 55
　　　3.3.2　使用样式格式化文档 ………… 56
　3.4　版式设计和打印 ……………………… 57
　　　3.4.1　文档的版式设计 ……………… 57
　　　3.4.2　文档的打印预览及打印 ……… 61
　3.5　综合实验 ……………………………… 62
　　　3.5.1　综合实验一 …………………… 62
　　　3.5.2　综合实验二 …………………… 65
　3.6　本章习题 ……………………………… 67

第 4 章　Excel 表格处理 ……………………… 81
　4.1　Excel 文档的建立及基本操作 ……… 81
　　　4.1.1　实验素材 ……………………… 81
　　　4.1.2　实验步骤 ……………………… 81
　4.2　工作表的管理 ………………………… 83
　　　4.2.1　实验素材 ……………………… 83
　　　4.2.2　实验步骤 ……………………… 83
　4.3　数据的填充与计算 …………………… 85
　　　4.3.1　实验素材 ……………………… 85
　　　4.3.2　实验步骤 ……………………… 85

4.4 公式函数的高级应用 …………… 88	5.3.1 任务要求 …………………… 118
4.4.1 实验素材 …………………… 88	5.3.2 操作步骤 …………………… 118
4.4.2 实验步骤 …………………… 88	5.4 SmartArt 动画 …………………… 120
4.5 工作表的编辑 …………………… 90	5.4.1 任务要求 …………………… 120
4.5.1 实验素材 …………………… 90	5.4.2 操作步骤 …………………… 120
4.5.2 实验步骤 …………………… 90	5.5 幻灯片的页面外观修饰 ………… 121
4.6 数据库管理功能 ………………… 93	5.5.1 任务要求 …………………… 121
4.6.1 实验素材 …………………… 94	5.5.2 操作步骤 …………………… 122
4.6.2 实验步骤 …………………… 94	5.6 综合实验 ………………………… 123
4.7 图表的创建与编辑 ……………… 95	5.6.1 任务要求 …………………… 123
4.7.1 实验素材 …………………… 95	5.6.2 操作步骤 …………………… 123
4.7.2 实验步骤 …………………… 95	5.7 本章习题 ………………………… 124
4.8 文档的设置与打印 ……………… 96	
4.8.1 实验素材 …………………… 97	**第 6 章　计算机网络** ……………… 130
4.8.2 实验步骤 …………………… 97	6.1 计算机网络基础 ………………… 130
4.9 本章习题 ………………………… 98	6.2 Foxmail 的使用 ………………… 131
	6.3 网页制作 ………………………… 133
第 5 章　PowerPoint 幻灯演示 …… 115	6.3.1 定义站点 …………………… 133
5.1 创建演示文稿 …………………… 115	6.3.2 修改站点 …………………… 135
5.1.1 任务要求 …………………… 115	6.3.3 多站点管理 ………………… 136
5.1.2 实验步骤 …………………… 115	6.4 浏览器的使用 …………………… 136
5.2 幻灯片的格式设计 ……………… 116	6.5 综合实验 ………………………… 138
5.2.1 任务要求 …………………… 116	6.6 本章习题 ………………………… 139
5.2.2 实验步骤 …………………… 117	
5.3 幻灯片切换效果与动画 ………… 118	**参考答案** …………………………… 146

第 1 章　计算机操作基础

本章重点练习计算机的基本操作知识（如：熟悉和使用键盘、指法练习、汉字录入等）。通过本章练习要求能够熟练掌握计算机的基本操作，为后面的学习打下良好的基础。

1.1　计算机的基础操作

实验目的
- 熟悉计算机实验室环境，了解计算机的硬件组成
- 了解键盘和鼠标的组成，掌握键盘和鼠标的使用
- 掌握正确的指法要求
- 掌握中文输入法的使用

1.1.1　计算机实验室环境和计算机的硬件组成

1. 任务要求

（1）熟悉计算机实验室环境，了解计算机实验室的有关管理制度和要求。
（2）了解计算机硬件的主要组成部分及使用注意事项。

2. 操作步骤

（1）在计算机实验室管理人员的带领下，熟悉计算机实验室的环境，详细学习计算机实验室的管理制度和要求，服从实验室管理人员的管理。
（2）熟悉计算机的硬件组成和实验用计算机的详细配置。
计算机硬件系统由控制器、运算器、存储器、输入设备和输出设备五个基本部分组成，微型计算机硬件系统也由控制器、运算器、存储器、输入设备和输出设备五个基本部分组成，不过，它更为紧凑和集中。在微型计算机中，由这五部分组成主机箱和外部设备。
微型计算机的主体是主机箱，主机箱是一个长方形盒子，里面一般有主板、电源、CPU、内存、显示卡、声卡、硬盘、软驱、光驱等，主机箱前面板上一般有电源开关、RESET 按钮、USB 接口和各种指示灯，主机箱后面板上一般有各种插头和接口。
外部设备一般有显示器、键盘、鼠标、打印机、音响、耳麦等。
认识自己所使用的计算机的各个部件，了解各部件的名称及相关参数。
熟练掌握各按钮的使用方法和各部件的连接方法。
（3）在练习各部件的使用和连接时要注意使用安全。
- 注意安全用电，详细检查计算机实验室的电源，确保不存在漏电、短路等安全隐患。
- 防止静电的危害，使用计算机前要确保计算机主机箱等部位安全接地，并且要将手在接地和导电良好的物体上触摸，释放掉身体的静电，避免静电对计算机的部件造成损害。

- 在练习各部件的使用方法和连接方法时，要注意所用部件是否可以带电操作。计算机中的大部分硬件必须断电后才能操作（如显示卡、声卡的安装），只有少部分可以带电操作（如优盘）。

1.1.2 键盘和鼠标的组成与使用

1. 任务要求
（1）认识键盘分区及各个键位。
（2）掌握键盘的使用方法。
（3）掌握鼠标的使用方法。

2. 操作步骤
（1）熟悉键盘。

目前常用键盘一般有 101 键、102 键、104 键、107 键等几种规格，标准键盘分为四个区：主键盘区、功能键区、编辑控制键区、数字键区（又称小键盘区），在键盘的右上角还有三个键盘指示灯。

主键盘区的组成部分如下。
- 字母键：A—Z　26 个英文字母，输入英文字母或汉字编码。
- 数字键：0—9　10 个数字，输入数字。
- 符号键：21 个符号键，输入 32 个常用符号，如：+、-、*、/、? 、! 、等，其中 10 个符号键与数字键在同一键位上。
- 空格键：一个，最长的一个键，位于键盘的最下方。作用是：输入空格，即输入不可见字符，并使光标右移一个字符。
- 上档键（Shift 键）：两个，和数字键或符号键组合，输入上档符号，如要输入 "@"，应在按下 Shift 键的同时按主键盘区的数字键 "2"；和字母键组合，输入英文字母，输入英文字母的大小写与单独按字母键输入的正好相反。
- 组合控制键（Ctrl 键和 Alt 键）：Ctrl 键和 Alt 键各两个，单独使用无意义，只能与其他按键组合使用。
- 回车键（Enter 键）：两个，主键盘区和数字键区各一个，确认并执行输入的命令或在文字处理中起换行的作用。
- 制表键（Tab 键）：用于使光标向右移动一个制表位的距离（默认为 8 个字符）。在手工制作表格或执行对齐操作时经常使用该键。
- 退格键（Backspace 键）：按一下该键，光标向左退一格，并删除原位置上的字符或其他对象。
- 大写锁定键（Caps Lock 键）：按下该键后键盘右上角相应的指示灯会亮，同时按各种字母键将输入大写英文字母。
- Win 键：两个，标有 Windows 图标的键，按下该键打开"开始"菜单。
- 快捷键：按下该键相当于单击鼠标右键，打开鼠标右键所在位置的快捷菜单。

功能键区的组成部分如下。
功能键区位于键盘的最上方，共有 13 个按键。
- F1－F12：功能是变化的，在不同的应用软件和程序中有各自不同的定义。在多数软件中 F1 键用于打开帮助菜单或帮助窗口。

- Esc 键：该键为取消键，用于放弃当前的操作或退出当前程序。

编辑控制键区的组成部分如下。

编辑控制键区位于键盘的右中侧，共有 13 个按键。

- →：光标右移一个字符。
- ←：光标左移一个字符。
- ↑：光标上移一行。
- ↓：光标下移一行。
- Insert 键：插入键，文本"插入"、"改写"状态的切换键。
- Delete 键：删除键，删除光标位置的字符，并使光标后的字符前移（注意与退格键的区别）。
- Home 键：首键，按下该键，光标移动到行首。
- End 键：尾键，按下该键，光标移动到行尾。
- Page Up 键：上翻页键，按下该键上翻一页。
- Page Down 键：下翻页键，按下该键下翻一页。
- Print Screen 键：屏幕拷贝键，按下该键将屏幕内容复制到剪贴板或打印屏幕内容。
- Scroll Lock 键：滚动锁定键，按下该键锁定当前屏幕，同时键盘右上角标有 Scroll Lock 的指示灯亮，再按一次该键，指示灯熄灭。
- Pause Break 键：使滚动的计算机屏幕停止滚动，或中止应用程序的运行。

数字键区的组成部分如下。

数字键区位于键盘右侧，共有 17 个按键。

- 数字键：0～9，输入数字用。
- 符号键：+、—、*、/ 共 4 个键，表示加、减、乘、除四个符号。
- Num Lock 键：数字控制键，它是控制小键盘区的按钮。按下该键，数字指示灯亮时，数字键区输入的是数字；再按该键，数字指示灯熄灭时，数字键区的各键变为相应的编辑控制键。

键盘指示灯的组成部分如下。

键盘指示灯位于键盘的右上方，共有 3 个。

- Num Lock：按下数字键区的 Num Lock 键，该指示灯亮，数字键区输入的是数字；再按 Num Lock 键，该指示灯熄灭，数字键区的各键变为相应的编辑控制键。
- Caps Lock：按下主键盘区的大写锁定键，该指示灯亮，若按英文字母键输入的是大写英文字母。
- Scroll Lock：按下编辑控制键区的 Scroll Lock 键，该指示灯亮，锁定当前屏幕。

(2) 鼠标的使用方法。

鼠标有机械式鼠标、光电式鼠标、无线遥控式鼠标三种，现在使用最多的是光电式鼠标，一般有三个键：左键、右键、滑轮。

拿鼠标的正确方法是：食指放在鼠标的左键上，中指放在鼠标的右键上，拇指放在鼠标左侧，无名指和小指放在鼠标的右侧。拇指、无名指和小指握住鼠标，掌心贴住鼠标后部，手腕垂放在桌面上。

- 移动/指向/定位：移动鼠标，使鼠标指向操作对象。
- 单击（左击）：按鼠标左键一次。用于选定操作对象。

- 双击：连续快速按鼠标左键两次。用于打开操作对象。
- 右击：按鼠标右键一次。用于打开快捷菜单。
- 释放：松开鼠标按键。
- 拖动：按住鼠标左（或右）键不放，然后拖动鼠标。
- 鼠标滑轮上下滚动可以浏览页面和文章或缩放和平移当前窗口。

1.1.3 键盘指法

1. 任务要求

（1）掌握操作计算机的正确姿势。

（2）掌握字符录入的规范化指法。

2. 操作步骤

（1）正确的坐姿。

平坐在椅子上，腰背挺直，身体微向前倾，双腿自然平放在地上。桌椅高度要适当，人体与计算机键盘的距离在两拳左右（15~30cm）。

手臂、肘、腕、两肩放松，肘与腰部距离 5~10cm。小臂与手腕略向上倾斜，但是手腕不要拱起，手腕与键盘下边框保持一定的距离（1cm 左右），不要放在键盘上，也没必要悬太高。

在进行键盘练习时，坐姿很重要，是打字的基本功之一。打字时除了手指轻放在基准键上，其他身体部位不要靠在键盘边框或桌子上，正确的坐姿是为了保持良好的状态，有利于打字的准确性和速度。

（2）手指姿势。

手掌以腕为轴略向上抬起，从手腕到指尖形成一个弧形，手指自然下垂，略弯曲，轻放在基准键（ASDFJKL;）上，手指指端的第一关节要同键盘垂直，左右手拇指放在空格键上，拇指外侧触键。进行键盘练习时，必须掌握好手形，一个正确的手形有助于录入速度的迅速提高。

（3）手指分工。

手指分工，就是把键盘的所有按键分配给十个手指，并规定每个手指对应哪几个键，这些规定基本上是沿用英文打字机的分配方式。

在键盘中，第三排键中的 A、S、D、F 和 J、K、L、；这 8 个键称为基本键（也叫基准键），基准键是手指常在的位置，其他键都是根据基准键的键位来定位的。左手小指负责 1、Q、A、Z 四个按键，无名指负责 2、W、S、X 四个按键，中指负责 3、E、D、C 四个按键，食指负责 4、R、F、V、5、T、G、B 八个按键，右手食指负责 6、Y、H、N、7、U、J、M 八个按键，中指负责 8、I、K、，四个按键，无名指负责 9、O、L、. 四个按键，小指负责 0、P、；、/ 四个按键，空格键由两个大拇指负责，左手按键后需要按空格键时用右手拇指按空格键，右手按键后需要按空格键时用左手拇指按空格键。在打字过程中，每个手指只能按指法规定的键，不要按规定以外的键，不正规的手指分工对按键速度的影响是很大的。

打字时将左手小指、无名指、中指、食指分别置放于 A、S、D、F 键上，右手食指、中指、无名指、小指分别置放于 J、K、L、；键上，左右拇指轻放于空格键上，左右 8 个手指与基本键的各个按键相对应，置放好手指后，不得随意离开。现在常用键盘的 F 和 J 键下方均有一凸起的短横（手指可以明显地感觉到），这两个键就是左右手食指的位置。打字过程中，手指离开基准键位置去按其他键，按键完成后应立即返回到对应的基准键上。

Shift 键进行大小写英文字母转换或输入按键上档字符的。若左手按字符键则用右手按键盘右边的 Shift 键，若右手按字符键则用左手按键盘左边的 Shift 键。

(4) 指法练习要点。
- 掌握动作的准确性，按键力度要适中，节奏要均匀。进行键盘操作时，主要的用力部分是关节，而不是手腕。练习到较为熟练后，随着手指敏感度的加强，再扩展到与手腕相结合。按键时用指尖垂直向键盘使用冲力，应在瞬间发力，并立即反弹。不可用手指去压键，以免影响按键速度，而且压键会造成一次输入多个相同字符，这也是学习打字的关键，必须花点时间去体会和掌握。在按空格键时也要注意瞬间发力，立即反弹。
- 必须严格遵守手指指法的规定，各守岗位。任何不按指法要点的操作都将造成指法混乱，影响输入速度的提高和按键的正确率。
- 手指按键任务完成后，一定要返回到基准键的位置，再按其他键时，平均移动的距离比较短，因而有利于盲打和提高按键速度。
- 手指寻找键位，依靠手指和手腕的灵活运动，不能靠手臂的运动。
- 按键不要过重，否则不仅对键盘寿命有影响，而且易疲劳。幅度较大的按键与恢复需要较长时间，也影响输入速度。但按键也不要太轻，不然会导致按键不到位。
- 操作姿势要正确。身体要坐正，不要把手腕、手臂依托在键盘上，否则不但影响美观，更会影响速度。
- 把字母键练习熟练后再进行主键盘上的数字训练，因为按键总是将手指放在字母键的中间一排，按上排或下排的键时，手指始终以中间一排为基点进行小范围的移动，若要按主键盘上的数字，由于隔了一排字母，手指移动的距离相对较大，按键准确度就会大打折扣，字母键熟悉后，手指会比较稳、准，再练习数字键，难度就相对小了。
- 小键盘区的数字键的训练很有必要，特别是对于需要经常输入数字且输入量比较大的用户（如财务、金融）来说尤其重要，因为小键盘区的数字键相对比较集中，只用右手就可以操作，左手可以解放出来翻看原始数据，这样输入数字时的速度比使用主键盘区的数字键要快得多。

(5) 指法练习常犯的错误。
- 不按正确指法练习，只用一根手指按键。
- 按键力度太大，手指一直按到底，没有弹性；手腕呆滞，不能与手指配合。计算机键盘有一个重复率的设置，如果按键时间较长或按键后键位没有弹起来，计算机就会为用户连续输入两个或多个同样的字符，因此在练习过程中一定要注意按键的力度。
- 按键时手指形态变形。手指翘起或往里勾，都会造成按键不到位。
- 左手按键时，右手离开基准键；右手按键时，左手离开基准键。
- 将手腕搁在桌子上或键盘边框上按键。
- 输入时小指、无名指力度太小，按键不到位，主要是不熟练造成的。
- 错位和左右手手指记混。主要是指法不熟练，只记住字母键盘的手指分工而忘记了左右手指的分工，如本来应该用左手中指按键，结果却用右手中指按键。
- 漏输空格，出现连字现象。主要是拇指弹击空格键的指法不熟练，连续输入字符而忘了输入空格。

3. 指法练习

(1) 按照正确的指法输入英文字母。

aaaaa	bbbbb	ccccc	ddddd	eeeee	fffff	ggggg	hhhhh
iiiii	jjjjj	kkkkk	lllll	mmmmm	nnnnn	ooooo	ppppp
qqqqq	rrrrr	sssss	ttttt	uuuuu	vvvvv	wwwww	xxxxx
yyyyy	zzzzz						
AAAAA	BBBBB	CCCCC	DDDDD	EEEEE	FFFFF	GGGGG	HHHHH
IIIII	JJJJJ	KKKKK	LLLLL	MMMMM	NNNNN	OOOOO	PPPPP
QQQQQ	RRRRR	SSSSS	TTTTT	UUUUU	VVVVV	WWWWW	
XXXXX	YYYYY	ZZZZZ					

（2）按照正确的指法输入数字和符号。

00000	11111	22222	33333	44444	55555	66666	77777
88888	99999	`````	-----	=====	[[[[[	]]]]]	\\\\\
;;;;;	'''''	,,,,,	.....	/////	~~~~~	!!!!!	@@@@@
#####	$$$$$	%%%%%	^^^^^	&&&&&	*****	(((((	)))))
_____	+++++	{{{{{	}}}}}	|||||	:::::	"""""	
<<<<<	>>>>>	?????					

（3）按照正确的指法输入短文。

Natural Disasters and Human Beings

In the movie 2012, weather changes drastically in a short time, mountains collapse and the earth cracks up, boundless floods cover all corners of the earth....All these things seem far away from our real life, but recently, we have seen many natural disasters like floods, droughts, earthquakes occurring at home and abroad. They have killed millions of people and destroyed countless homes, causing great financial and environmental losses.

All these natural disasters urge us to reconsider our actions. What kind of role did we play in the causes of those dreadful disasters? Now an increasing number of people have become aware that those disasters are connected with what we have done to the earth in many aspects, such as cutting down too many trees, e7loding nuclear bombs and polluting the environment. In a sense, such frequent natural disasters make us come to realize how weak we are before nature.

However, we are not helpless towards the natural disasters. To protect our mother nature and ourselves, we should take active and effective measures. We can plant more trees to prevent water loss and soil erosion. When seeking clothing, food, and shelter from it, we shouldn't take natural resources all at once, so that we can keep the balance of nature. In case of droughts, we can build more reservoirs to impound water. To resist the severe effect of earthquakes or floods, we can build more fortified buildings .What's more, we can regularly practice escaping from perilous circumstances to save our lives.

In conclusion, let's take our responsibility to protect our planet, reducing or preventing disasters; let's prepare ourselves for une7ected natural disasters; let's make it a lovely place suitable to live in, just as the song says,

"Heal the world

Make it a better place

For you and for me and the entire human race. "

1.1.4 中文输入法的应用

1. 任务要求

（1）了解中文输入法的种类。
（2）掌握微软拼音 ABC 输入法的使用。
（3）使用微软拼音 ABC 输入法输入汉字。

2. 操作步骤

中文输入法有许多种，每种中文输入法都有自己的优缺点，在实际工作中用哪一种中文输入法输入汉字，可根据自己的实际情况和习惯而定。本书以微软拼音 ABC 输入法为例练习中文输入法的应用。

（1）记事本和微软拼音 ABC 输入法的启动。

单击桌面左下角的"开始"按钮，弹出开始菜单，单击"所有程序"，然后在下级菜单中单击"附件"，最后单击级联菜单中的"记事本"，打开记事本，就可以在记事本中输入内容。

单击任务栏中的 "输入法指示器"按钮，打开相应菜单，单击菜单中的"微软拼音-新体验 2010"，进入微软拼音输入法状态，同时屏幕上出现输入法指示栏如图 1-1 所示。在输入法指示栏中，是中/英文输入切换按钮，是半角/全角切换按钮，是中/英文标点符号切换按钮。

（2）汉字输入。

以输入"计算机"为例练习汉字的输入。请连续输入拼音"ji"。如果输入错误，可以按退格键，删除最后输入的一个字母，需要删除多个字母，多次按退格键，然后输入正确的字母；如果需要删除中间的字母，如删除"zhjng"中的"j"，可以通过编辑控制键区的"→"、"←"，将光标移动到"j"的右边按退格键，也可以将光标移动到"j"的左边按编辑控制键区的 Delete 键，然后输入正确的字母。拼音输入完后，屏幕显示如图 1-2。通过按 Page Up 键、Page Down 键或用鼠标单击图 1-2 中的左右按钮翻页查找更多的"ji"的重码字，直到找到"计"。最后按"计"字所对应的数字键或用鼠标单击"计"的位置就可以输入"计"字。用同样的方法依次输入"算"、"机"。

图 1-1 带有输入法指示栏的记事本窗口 图 1-2 汉字输入 1

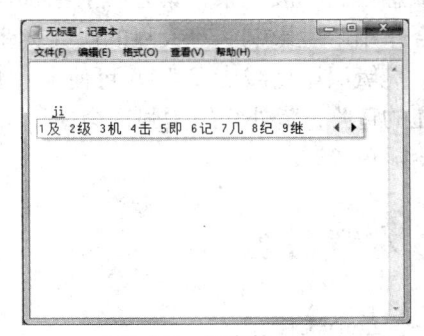

微软拼音输入法的特点之一是可以输入词组。输入词组时可以输入各个汉字的全拼，也可以只输入声母或第一个字母，如输入"中国"，输入"zhongguo"、"zhongg"、"zhguo"、"zguo"、"zhg"后按空格键，在候选词组中都有"中国"，然后同输入单字一样，按"中国"对应的数字键或用鼠标单击"中国"的位置就可以输入词组"中国"。

微软拼音输入法还有记忆词组的特点。如某个同学的名字，假设为"王立峰"，在微软拼音输入法中不是词组，但可以输入"wanglifeng"，如图 1-3 所示，翻页找到"王"字并确认，如图 1-4 所示，然后分别输入 "立"和 "峰"，"王立峰"就输入完成，同时被记忆为词组。当需要再次输入"王立峰"时，就可以按词组输入了。

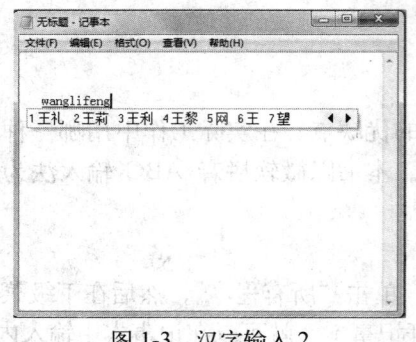

图 1-3　汉字输入 2　　　　　　　　　图 1-4　汉字输入 3

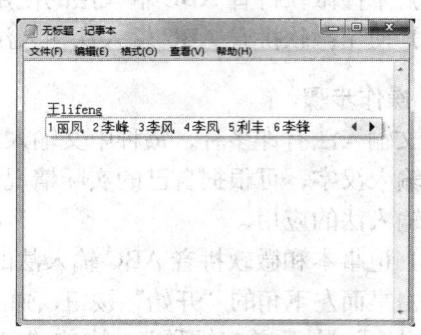

（3）输入下面的短文。

臭氧层空洞的危害

10 多年来，经科学家研究：大气中的臭氧每减少 1%。照射到地面的紫外线就增加 2%，人的皮肤癌就增加 3%，还受到白内障、免疫系统缺陷和发育停滞等疾病的袭击。现在居住在距南极洲较近的智利南端海伦娜岬角的居民，已尝到苦头，只要走出家门，就要在衣服遮不住的肤面，涂上防晒油，戴上太阳眼镜，否则半小时后，皮肤就晒成鲜艳的粉红色，并伴有痒痛；羊群则多患白内障，几乎全盲。据说那里的兔子眼睛全瞎，猎人可以轻易地拎起兔子耳朵带回家去，河里捕到的鲜鱼也都是盲鱼。推而广之，若臭氧层全部遭到破坏，太阳紫外线就会杀死所有陆地生命，人类也遭到"灭顶之灾"，地球将会成为无任何生命的不毛之地。可见，臭氧层空洞已威胁到人类的生存。臭氧层破坏对植物产生难以确定的影响。近十几年来，人们对 200 多个品种的植物进行了增加紫外照射的实验，其中三分之二的植物显示出敏感性。一般说来，紫外辐射增加使植物的叶片变小，因而减少俘获阳光的有效面积，对光合作用产生影响。对大豆的研究初步结果表明，紫外辐射会使其更易受杂草和病虫害的损害。臭氧层厚度减少 25%，可使大豆减产 20%~25%。紫外辐射的增加对水生生态系统也有潜在的危险。紫外线的增强还会使城市内的烟雾加剧，使橡胶、塑料等有机材料加速老化，使油漆褪色等。

1.2　本章习题

一、单项选择题

1. 下列关于个人计算机的叙述中，错误的是_____。
   A．个人计算机的英文缩写是 PC
   B．个人计算机又称为微机
   C．世界上第一台计算机是个人计算机
   D．个人计算机是以微处理器为核心的计算机

2. 下列关于个人计算机的叙述中，错误的是_____。
   A. 个人计算机将运算器和控制器做在一块大规模集成电路芯片上
   B. 计算机发展到第五代出现了个人计算机
   C. 个人计算机是大规模、超大规模集成电路发展的产物。
   D. 以 Intel 4004 为核心组成微型电子计算机叫 MCS-4
3. 下列叙述中，错误的是_____。
   A．Apple II 是个人计算机
   B．IBM PC 是个人计算机
   C．个人计算机一词由 Apple II 而来
   D．个人计算机一词由 IBM PC 而来
4．下列关于个人计算机硬件构成的叙述中，正确的是_____。
   A．CPU 可以看作是个人计算机的数据仓库
   B．主板芯片组可以看作是个人计算机的大脑
   C．主机箱是个人计算机各部分硬件相互连接的桥梁
   D．个人计算机的运行能力和运行效率在很大程度上和机器的内存有关
5．下列关于硬盘的叙述中，错误的是_____。
   A. 硬盘读写速度比光盘慢
   B. 个人计算机硬盘以 IDE 接口和 SATA 接口为主
   C. 硬盘存储容量大
   D. 硬盘存储器系统由硬盘机、硬盘控制适配器组成
6．在计算机中用二进制取代十进制的革命性理论是由美国数学家_____提出的。
   A. 巴贝奇   B. 图灵   C. 香农   D. 布尔
7．世界上第一台电子数字计算机 ENIAC 诞生于_____年。
   A. 1946   B. 1945   C. 1956   D. 1955
8．在计算机的发展历史上，第一代计算机是_____。
   A. 电子管计算机   B. 晶体管计算机
   C. 集成电路计算机   D. 大规模集成电路计算机
9．在第____代计算机出现了高级程序设计语言，如 C 语言。
   A. 一   B. 二   C. 三   D. 四
10. 操作系统最早出现在计算机发展的第_____个阶段。
    A. 一   B. 二   C. 三   D. 四
11. 下列关于光盘特点的叙述中，正确的是_____。
    A. 光盘存储容量小   B. 光盘位价格低
    C. 光盘携带不便   D. 光盘读写速度很低
12. 下列选项中，不属于输入设备的是_____。
    A. 键盘   B. 光笔   C. 绘图仪   D. 触摸屏
13. 下列关于鼠标的叙述中，错误的是_____。
    A. 鼠标分为机械和光电两大类   B. 机械鼠标容易磨损、不易保持清洁
    C. 光电鼠标定位准确、可靠耐用   D. 光电鼠标价格昂贵、较少使用
14. 下列关于液晶显示器特点的叙述中，错误的是_____。
    A. 功耗低   B. 辐射低   C. 厚度薄   D. 闪烁严重

15. 下列选项中，不属于针式打印机特点的是_____。
    A. 打印速度快　　　　B. 耗材便宜　　　　C. 造价低廉　　　　D. 噪音大
16. 下列选购个人计算机的原则中，错误的是_____。
    A. 在够用、好用和保证质量的基础上价钱越便宜越好
    B. 档次越高，配置越豪华越好
    C. 考虑购机的主要用途，根据自己的经济实力量力而行
    D. 货比三家，百里挑一，仔细对比主要部件的性能
17. 下列选购主机箱的注意事项中，不对的是_____。
    A. 机箱整体的结构至关重要　　　　B. 主机箱就是一个壳子，没有必要多投资
    C. 空气对流要好、噪音要小　　　　D. 主机箱的电源对PC的稳定运行很重要
18. 以下选项中，不属于CPU的是_____。
    A. Intel 的 Pentium 4 系列　　　　B. Intel 的酷睿系列
    C. AMD 的 Athlon 系列　　　　　　D. Seagate 的酷鱼系列
19. 下列关于外存储器选购注意事项中，错误的是_____。
    A. 硬盘性能越高越好　　　　　　　B. 硬盘尽量选择大容量
    C. CD-ROM 即插即用　　　　　　　D. 数据传输时，切勿拔出USB闪盘
20. 下列选项中，不属于LCD显示器选购参考项目的是_____。
    A. 响应时间　　　　B. 刷新率　　　　C. 屏幕坏点　　　　D. 亮度、对比度
21. 下列选项中，不属于打印机生产厂商的是_____。
    A. HP　　　　　　B. Canon　　　　　C. VIA　　　　　　D. EPSON
22. 下列关于双核技术的叙述中，正确的是_____。
    A. 双核就是指主板上有两个CPU
    B. 双核是利用超线程技术实现的
    C. 双核就是指CPU上集成两个运算核心
    D. 主板上最大的一块芯片就是核心
23. 下列选项中，不属于双核处理器的是_____。
    A. AMD Athlon 64　　　　　　　　B. AMD Athlon 64 X2
    C. Intel Pentium D 900　　　　　D. Intel Core 2 Duo
24. 下列关于大型、巨型计算机的叙述中，错误的是_____。
    A. 巨型化是计算机发展的一个趋势
    B. 大型计算机是计算机家族中通用性最强、功能也很强的计算机
    C. 巨型计算机研制水平是一个国家现代科技水平、工业发展程度和经济发展实力的标志
    D. 运算速度在1000亿次/秒以上，存贮容量在1000亿位以上的计算机称为大型计算机
25. 计算机内存中每个基本存储单元都被赋予一个唯一的序号，此序号称为_____。
    A. 地址　　　　　B. 编号　　　　　C. 字节　　　　　D. 容量
26. 计算机最基本的应用是_____。
    A. 数值运算　　　B. 数据处理　　　C. 数据分析　　　D. 自动控制
27. _____是计算机应用系统的基本特征，也是早期应用的主要特征。
    A. 数据处理　　　B. 数值处理　　　C. 信息处理　　　D. 知识处理

28. 下列选项中属于人工智能研究范畴的是_____。
    A. 机器人、专家系统和决策支持系统　　B. 专家系统、数据仓库和智能检索
    C. 专家系统、自然语言理解和机器人　　D. 专家系统、数据仓库和信息检索
29. 计算机的自动性是由它的_____决定的。
    A. 实时控制原理　　　　　　　　　　　B. 存储程序工作原理
    C. 二进制工作原理　　　　　　　　　　D. 二进制运算方法
30. 电子数字计算机与其他计算工具最重要的区别是_____。
    A. 存储性　　　B. 通用性　　　C. 精确性　　　D. 自动性
31. 不属于计算机性能指标的是_____。
    A. 字长　　　　B. 重量　　　　C. 内存　　　　D. 运算速度
32. 最早由 IBM 公司研制成功的未来计算机是_____。
    A. 量子计算机　B. 纳米计算机　C. 仿生计算机　D. 光子计算机
33. 计算机硬件系统由五个基本部分构成,这是由计算机的____决定的。
    A. 组成原理　　　　　　　　　　　　　B. 存储程序工作原理
    C. 自动运行和实时控制　　　　　　　　D. 通用性
34. 寄存器是_____的组成部分。
    A. 运算器　　　B. 控制器　　　C. 存储器　　　D. 输出设备
35. 程序运行时,构成程序的指令存放在计算机的_____中。
    A. 运算器　　　B. 控制器　　　C. 内存　　　　D. 存储器
36. 专门用于存储计算机数据的是_____。
    A. CD　　　　　B. CD-ROM　　　C. VCD　　　　D. MD
37. 计算机系统中,衡量存储器容量的单位是_____。
    A. 字　　　　　B. 字长　　　　C. 字节　　　　D. 比特
38. 计算机存储器的每个存储单元具有唯一的_____。
    A. 数据　　　　B. 地址　　　　C. 容量　　　　D. 位置
39. 计算机中负责将用户输入的信息转化为计算机内部的二进制数表示的是_____。
    A. CPU　　　　 B. 存储器　　　C. 输入设备　　D. 输出设备
40. 软件是使计算机运行需要的_____的统称。
    A. 程序和文档　B. 指令和数据　C. 设备和技术　D. 规则和制度
41. 下列关于计算机指令系统的描述正确的是_____。
    A. 指令系统是计算机所能实现的全部指令的集合
    B. 指令系统是构成计算机程序的全部指令的集合
    C. 指令系统是计算机中指令和数据的集合
    D. 指令系统是计算机中程序的集合
42. 下列有关计算机程序的描述正确的是_____。
    A. 程序是解决某一问题的指令的集合　　B. 程序是解决某一问题的指令的排列
    C. 程序是解决所有问题的指令的集合　　D. 程序是解决所有问题的指令的排列
43. 操作系统的功能不包括_____。
    A. 硬件资源管理　　　　　　　　　　　B. 软件资源管理
    C. 用户数据管理　　　　　　　　　　　D. 文档的版面设计

44. 下列关于分时系统和实时系统的描述中不正确的是_____。
    A. 实时系统必须在给定时间内对外来信号做出反应
    B. 实时系统不能连接多个外部设备
    C. 分时系统可以连接多个外部设备
    D. 分时系统中不能限制对外部信号的反应时间
45. 下列关于操作系统的描述不正确的是_____。
    A. 单用户系统只允许一个用户独占计算机全部资源
    B. 多用户系统允许一个用户独占计算机全部资源
    C. 单用户系统同时只能管理一个用户任务
    D. 多用户系统能够同时管理多个用户任务
46. 计算机的存储系统一般指的是_____。
    A. RAM 和 ROM   B. 硬盘和软盘   C. 内存和外存   D. 硬盘和 RAM
47. 某车站的车站定票系统程序属于_____。
    A. 工具软件   B. 应用软件   C. 系统软件   D. 文字处理软件
48. 把计算机内存中的数据存储到软盘上，这个过程称为_____。
    A. 输入   B. 读盘   C. 写盘   D. 打印
49. 计算机中任何信息的表示、存取和处理都采用_____形式。
    A. ASCII 编码   B. 二进制   C. 十进制   D. 字符
50. 十进制数 32.5 的十六进制表示是_____。
    A. 22.8   B. 40.4   C. 20.8   D. 20.4
51. 十进制数 25.25 的二进制表示是_____。
    A. 11001.1   B. 10110.1   C. 11001.01   D. 10110.01
52. 十六进制数 2A.4 转化为八进制数是_____。
    A. 52.   B. 27.5   C. 33.5   D. 17.25
53. 二进制数 1101.1 的十六进制表示_____。
    A. 13.1   B. 13.5   C. 15.1   D. D.8
54. 下列带后缀的数字表示中不正确的是_____。
    A. 78.9 D   B. 98.6 O   C. AD.C H   D. 10.1 B
55. 以下描述中正确的是_____。
    A. 计算机中字符的编码是对数据的编码，不是对指令的编码
    B. 计算机中字符的编码是对指令的编码，不是对数据的编码
    C. 计算机中字符的编码既是对数据的编码，也是对指令的编码
    D. 计算机中字符的编码既不是对指令的编码，也不是对数据的编码
56. 利用计算机进行绘制建筑工程图纸属于_____。
    A. 数据处理   B. 过程控制
    C. 计算机辅助设计   D. 科学计算
57. ASCII 的英文全称是_____。
    A. American Standard Code, no. II
    B. American Standard Code for Information Interchange
    C. A Standard Code for Information Interchange
    D. Addached Standard Code for Information Interchange

58. 在 ASCII 编码方案中，空格字符的编码是_____。
    A. 0   B. 32   C. 128   D. 没有编码
59. 一般说来，计算机多媒体特性不包括_____。
    A. 交互性   B. 集成性   C. 多样性   D. 实时性
60. 存储一个用 32×32 点阵表示的汉字的字模需要_____空间。
    A. 24B   B. 48B   C. 128B   D. 256B
61. 五笔字型码属于_____。
    A. 流水码   B. 音码   C. 形码   D. 机内码
62. Intel 公司推出的 Pentium 系列 CPU 芯片的内部总线都是_____位的。
    A. 8   B. 16   C. 32   D. 64
63. 以下关于微机的描述中正确的是_____。
    A. 微机是由主机箱、键盘和显示器组成的
    B. 微机的 CPU 被安装在主板上
    C. 总线就是连接外部设备的线缆
    D. 微机的内存就是 RAM
64. 下面的描述中正确的是_____。
    A. 硬盘属于内部存储器
    B. 软盘和硬盘都属于外部存储器
    C. 硬盘是不能拆卸下来的部件
    D. 硬盘是计算机中不能缺少的部件
65. 计算机中以_____为单位给数据分配磁盘空间。
    A. 磁道   B. 簇   C. 柱面   D. 扇区
66. 计算机中接口是用来连接_____的部件。
    A. CPU 和存储   B. 输入设备和输出设备
    C. 系统总线和外部设备   D. CPU 和外部设备
67. 1981 年颁布的国家标准 GB2312-80 中定义的汉字的编码是_____。
    A. 外部码   B. 输入码   C. 交换码   D. 内部码
68. 计算机中执行各种逻辑运算的部件是_____。
    A. 运算器   B. 控制器   C. CPU   D. 主机
69. 计算机按用途可分为_____。
    A. 商用机和家用机   B. 工作站和服务器
    C. 台式机和便携机   D. 专用机和通用机
70. 下列关于计算机语言的描述中正确的是_____。
    A. 所有语言的程序都必须经过翻译才能被计算机执行
    B. 用机器语言编写的程序运算速度最快
    C. 汇编语言是符号化的机器语言
    D. 高级语言用来编写应用软件，低级语言用来编写系统软件
71. 下列关于应用软件的描述中不正确的是_____。
    A. 应用软件是专门为满足特定的应用目的而编制的
    B. 应用软件的运行离不开系统软件
    C. 应用软件比系统软件更丰富

D. 应用软件的价格比系统软件低

72. 1983 年，我国成功研制了每秒运算 1 亿次的_____巨型机，标志着我国巨型机水平跨进世界先进行列。
    A. 银河Ⅰ   B. 银河Ⅱ   C. 银河Ⅲ   D. 曙光3000

73. CAM 是_____的缩写。
    A. 计算机辅助设计   B. 计算机辅助制造
    C. 计算机辅助管理   D. 计算机辅助计划

74. 以下数字中最小的是_____。
    A. 335 D   B. 175 H   C. 375   D. 111001001 B

75. 按规模，PC 机和笔记本电脑同属于_____。
    A. 小型机   B. 微型机   C. 个人机   D. 多媒体机

76. 提出了现代计算机的设计思想，被称为现代计算机鼻祖的人是_____。
    A. 图灵   B. 牛顿   C. 冯·诺依曼   D. 巴贝奇

77. 以下的描述中错误的是_____。
    A. 字是计算机进行数据处理时一次存取的一组二进制数
    B. 计算机的字长越长，存储容量越大
    C. 计算机的字长越长，运算效率越高
    D. 计算机的字长也就是 CPU 的字长

78. ASCII 码（美国标准信息交换代码），是一种_____二进制编码。
    A. 7 位   B. 8 位   C. 12 位   D. 4 位

79. 在计算机系统中，规定一个 Byte 由_____个 bit 表示。
    A. 2   B. 8   C. 10   D. 16

80. 汇编语言是一种_____。
    A. 目标程序   B. 低级语言   C. 高级语言   D. 机器语言

二、多项选择题

1. 标志人类文化发展的里程碑有_____。
    A. 语言的产生   B. 文字的使用   C. 印刷术的发明
    D. 计算机的发明 E. 电的使用

2. 与其他运算工具相比，计算机的特点是_____。
    A. 运算速度快   B. 存储容量大   C. 通用性强
    D. 工作自动化   E. 精确性高

3. 下列应用属于人工智能领域的是_____。
    A. 自动定理证明 B. 自然语言理解 C. 机器人
    D. 文字处理   E. 多媒体技术

4. 计算机技术的发展趋势是_____。
    A. 微型化   B. 巨型化   C. 网格化
    D. 智能化   E. 普及化

5. 关于计算机的发展过程，下列说法正确的是_____。
    A. 世界上第一台电子计算机 ENIAC 诞生于 1946 年
    B. 巴贝奇最先提出了通用数字计算机的基本设计思想

C. 按照计算机的规模，人们把计算机的发展过程划分为四个时代
D. 微型计算机最早出现于第三代计算机中
6. 下列计算机产品中，我国的自主品牌有_____。
   A. 联想   B. 清华同方   C. 银河
   D. 曙光   E. 戴尔
7. 计算机的应用领域包括_____。
   A. 科学计算   B. 过程控制   C. 信息管理
   D. 计算机辅助系统 E. 文字处理
8. 下列数字中，可能是二进制数的是_____。
   A. 111   B. 101.11   C. 231
   D. AAB   E. 11101
9. 关于汉字输入码，下列叙述正确的是_____。
   A. 汉字输入码是为了输入汉字而编制的代码，也称为汉字外部码
   B. 五笔字型、全拼码、自然码、区位码都是汉字输入码
   C. 汉字输入码与汉字内码在一般情况下是不相同的
   D. 汉字输入码可分为流水码、音码、形码和音形结合码四种
   E. 汉字输入码是由国定统一规定的
10. 关于汉字输入码，下列说法正确的是_____。
    A. 汉语拼音输入法属于音码   B. 五笔字型码属于形码
    C. 区位码、电报码属于流水码   D. 自然码属于音形码
    E. 大众码属于流水码
11. 下列选项中，构成 CPU 的有_____。
    A. 运算器   B. 控制器   C. 寄存器组   D. 内部总线
12. 下列选项中，属于衡量内存性能的指标有_____。
    A. 存储容量   B. 主频   C. 存取周期   D. 接口类型
13. 下列关于存储器的叙述中，正确的有_____。
    A. 计算机把大量有待处理和暂时不用的数据存放在内存储器中
    B. 计算机的外存储器速度较慢，CPU 不可直接访问
    C. 计算机把大量有待处理和暂时不用的数据存放在外存储器中
    D. 计算机的内存储器速度较慢，CPU 不可直接访问
14. 目前常用的外存储器有_____。
    A. 光盘存储器   B. 硬盘存储器
    C. USB 闪存存储器   D. 寄存器存储器
15. 下列选项中，属于 USB 闪存盘特点的有_____。
    A. 外观轻巧   B. 容量较大   C. 携带方便   D. 即插即用
16. 下列设备中属于输出设备的有_____。
    A. 鼠标   B. 麦克风   C. 显示器   D. 音箱
17. 键盘功能分区有_____。
    A. 打字键区   B. 混合使用区   C. 功能键区   D. 编辑控制键区
18. 下列选项中，属于 CRT 显示器性能指标的有_____。
    A. 频响范围   B. 点距   C. 屏幕尺寸   D. 屏幕分辨率

19. 下列选项中，属于液晶显示器性能指标的有_____。
    A. 亮度　　　　　　　B. 对比度　　　　　　C. 响应时间　　　　　D. 可视角度
20. 下列关于打印机的叙述中，正确的有_____。
    A. 针式打印机可以多层复写打印
    B. 喷墨打印机是目前家庭 PC 用户的首选打印机种
    C. 激光打印机耗材便宜
    D. 激光打印机要定期清洗喷嘴
21. 下列选项中，属于衡量音箱性能的指标有_____。
    A. 承载功率　　　　　B. 频响范围　　　　　C. 灵敏度　　　　　　D. 失真度
22. 下列关于键盘鼠标选购注意事项中，正确的有_____。
    A. 尽量选择符合人体工程学的键盘
    B. 尽量选择符合人体工程学的鼠标
    C. 尽量选择具有特殊功能键的键盘
    D. 尽量选择具有多键、带滚轮可定义宏命令的鼠标
23. 以下关于 CRT 显示器选购注意事项中，正确的有_____。
    A. 尽量选择图像闪烁感强的显示器
    B. 尽量选择口碑好的品牌显示器
    C. 尽量选择有健康环保认证的显示器
    D. 尽量选择售后有保障的显示器
24. 下列选项中，属于选购打印机参考项目的有_____。
    A. 单页打印成本　　　　　　　　　　　　B. 后期使用成本
    C. 品牌　　　　　　　　　　　　　　　　D. 售后服务
25. 下列关于音箱选购注意事项中，错误的有_____。
    A. 普通用户尽量选择信噪比高的音箱
    B. 普通用户尽量选择信噪比低的音箱
    C. 家庭影音娱乐用户尽量选择频率响应较宽的音箱
    D. 家庭影音娱乐用户尽量选择频率响应较窄的音箱
26. 下列选项中，属于 CPU 生产厂商的有_____。
    A. Intel　　　　　　　B. AMD　　　　　　　C. VIA　　　　　　　D. IBM
27. 下列关于双核处理器的选项中，错误的有_____。
    A. AMD 的解决方案被称为"双芯"
    B. Intel 的解决方案被称为"双核"
    C. 双核处理器的概念最早是由 IBM、HP、Sun 等公司提出的
    D. 双核处理器的概念最早是由 Intel、AMD 等公司提出的
28. 下列选项中，属于国产高性能计算机的有_____。
    A. 曙光 4000A　　　　B. 银河 III　　　　　C. 神威 I　　　　　　D. 东方红
29. 下列关于计算机软件系统的叙述中，正确的有_____。
    A. 计算机软件系统分为系统软件和应用软件两大类
    B. 计算机软件系统具有层次结构
    C. 计算机软件系统是指为计算机运行工作服务的全部技术资料和各种程序
    D. 计算机软件系统和硬件系统共同构成计算机系统

30. 下列选项中，属于系统软件特点的有_____。
    A. 基础性　　　B. 多样化　　　C. 通用性　　　D. 个性化
31. 有关 R 进制数的说法，正确的是_____。
    A. 能使用的最大数字数码是 R-1
    B. R 进制数的基数是 R
    C. R 进制数的数码个数是 R
    D. 能使用的最大数字数码是 R
    E. 能使用的最大数字数码是 R+1
32. 冯·诺依曼计算机的硬件系统由____基本组成部分组成。
    A. 运算器　　　B. 控制器　　　C. 存储器
    D. 输入设备和输出设备　　　E. 光驱
33. 下列有关计算机软件的描述正确的是_____。
    A. 软件是指计算机运行所需的程序、数据和有关的文档资料的总和
    B. 软件包括系统软件和应用软件
    C. 操作系统软件是用户和计算机的接口
    D. 软件可以使用户在不了解计算机本身内部结构的情况下使用计算机
    E. 软件就是计算机系统中的程序
34. 下列有关计算机系统软件的描述正确的是_____。
    A. 计算机软件系统中最靠近硬件层的是系统软件
    B. 计算机系统中非系统软件一般是通过系统软件发挥作用的
    C. 语言处理程序不属于系统软件
    D. 数据库管理系统不属于系统软件
    E. 操作系统属于系统软件
35. 关于计算机语言，下列叙述正确的是_____。
    A. 高级语言最终要被翻译为机器语言后才被计算机所直接识别并执行
    B. 机器语言编制的程序都是二进制编码组成的
    C. 一般来讲，某种机器语言只适用于某种特定类型的计算机
    D. 机器语言属于硬件而高级语言属于软件
    E. 汇编语言可以被计算机直接识别并执行
36. 根据打印机的工作原理，可以将打印机分为_____。
    A. 点阵打印机　　　B. 喷墨打印机　　　C. 激光打印机
    D. 行式打印机　　　E. 页式打印机
37. 目前用于计算机系统的光盘有_____。
    A. 可改写型光盘　　B. 只读光盘　　C. 优盘　　D. 追记型光盘
38. 下列存储器属于磁表面存储器的是_____。
    A. 软盘　　　B. 硬盘　　　C. CD-ROM
    D. 磁带　　　E. 优盘
39. 微机中的总线一般分为____。
    A. 数据总线　　B. 地址总线　　C. 神经总线　　D. 控制总线
40. 下列属于微机的主要性能指标是_____。
    A. 主频　　　B. 字长　　　C. 字节
    D. 内核　　　E. 内存容量
41. 计算机的特点有_____。

A. 速度快，精度低　　　　　　　　B. 具有记忆和逻辑判断能力
C. 能自动运行，支持人机交互　　　D. 适合科学计算，不适合数据处理

42. 关于冯·诺依曼体系结构，下列叙述正确的是_____。
A. 世界上第一台计算机就采用了冯·诺依曼体系结构
B. 将指令和数据同时存放在存储器中，是冯·诺依曼计算机方案的特点之一
C. 计算机硬件系统由控制器、运算器、存储器、输入设备、输出设备五部分组成
D. 冯·诺依曼提出的计算机体系结构，奠定了现代计算机的结构理论

43. 关于计算机硬件系统的组成，下列说法正确的是_____。
A. 计算机硬件系统由控制器、运算器、存储器、输入设备、输出设备五部分组成
B. CPU 是计算机的核心部件，它由控制器、运算器等组成
C. RAM 为随机存储器，其中的信息不能长期保存，关机即丢失
D. ROM 中的信息能长期保存，所以又称为外存储器

44. 关于计算机软件系统，下列说法正确的是_____。
A. 操作系统是软件中最基础的部分，它属于系统软件
B. 计算机软件分为操作系统、语言处理系统、数据库管理系统
C. 系统软件包括操作系统、编译软件、数据库管理系统及各种应用软件
D. 文字处理软件、信息管理软件、辅助设计软件等都属于应用软件

45. 系统总线是 CPU 与其他部件之间传送各种信息的公共通道，其类型有_____。
A. 数据总线　　　B. 地址总线　　　C. 控制总线　　　D. 信息总线

46. 下列关于解释程序和编译程序的论述不正确的是_____。
A. 编译程序和解释程序均能产生目标程序
B. 编译程序和解释程序均不能产生目标程序
C. 编译程序能产生目标程序而解释程序则不能
D. 编译程序不能产生目标程序而解释程序则能

三、判断题

1. 公认的计算机之父是英国数学家巴贝奇，因为他领导制造了第一台电子计算机。
2. 博弈属于 AI 领域。
3. 计算机发展过程中，发明的计算机依次是：微型机-小型机-大型机-巨型机。
4. 目前计算机应用最广泛的领域是过程控制。
5. 学校机房里的计算机都是专用机。
6. 世界上第一台电子计算机的主要逻辑元件是电子管。
7. 计算机发展年代的划分标准是根据其所采用的 CPU 来划分的。
8. 10110011.101B=B3.AH。
9. 字长越长，计算机的速度就越慢，精度越低。
10. 在计算机中，规定的一个数的最高位作为符号位，"0"表示负，"1"表示正。
11. 记录汉字字形通常有点阵法和矢量法两种方法，分别对应点阵码和矢量码两种字形编码。
12. 汉字字库中存放的是汉字的字形码或矢量码。
13. 矢量码表示的字体很容易放大缩小且不会出现锯齿状边缘，可以任意地放大缩小甚至变形，屏幕上看到的字形和打印输出的效果完全一致，且节约存储空间。

14. 一个完整的计算机系统由硬件系统和软件系统两大部分组成。
15. 运算器由算术逻辑运算单元（ALU）、寄存器和一些控制门等组成。
16. 计算机的高级语言可以分为解释型和编译型两大类。
17. 一台计算机的所有指令的集合称为计算机的指令系统，目前常见的指令系统有复杂指令系统（CISC）和精简指令系统（RISC）。
18. 存储器的存入和取出的速度是计算机系统的一个非常重要的性能指标。
19. 外存是 CPU 可直接访问的存储器，是计算机中的工作存储器。
20. 计算机工作过程中只能从 RAM 中读取事先存储的数据，而不能改写。
21. 高速缓冲存储器（Cache）解决的是 CPU 和外设速度不匹配的问题。
22. 微机中的系统总线可分为数据总线和控制总线两种。
23. 显示器的分辨率不仅与显示屏幕的大小有关，还受显像管点距、视频带宽等因素的影响。
24. 微机的外存按存储介质的不同可分为磁表面存储器、光存储器和半导体存储器。
25. USB 的含义是：通用串行总线。
26. 主板中最重要的部件之一是芯片组，它是主板的灵魂，决定了主板所能支持的功能。
27. 字长不决定指令直接寻址的能力。
28. IEEE 1394 是一种并行接口标准，它能非常方便地把电脑、电脑外设、家电等设备连接起来。
29. 声卡的采样频率越高，数字信号就越接近原声。
30. 在 PCI、AGP、USB 和 IEEE1394 总线中，目前传送速率最快的是 1394 总线。
31. 硬盘和光盘的存储原理是不相同的。
32. 在微机中，数据总线可以传输地址信号和数据信息。
33. 计算机处理数据的基本单位是文件。
34. 计算机软件指的是程序、数据和文档的集合。
35. 继传统因特网、Web 之后的第三个大浪潮，可以称之为第三代因特网的是网格。
36. 显示器既是输入设备又是输出设备。
37. 显示控制器（适配器）是系统总线与显示器之间的接口。
38. 键盘上的键的功能可以由程序设计者来改变。
39. 操作系统是软件和硬件之间的接口。
40. 分时操作系统是对外来的作用和信号在限定的时间范围内能作出响应的系统。
41. 286、386、486、Pentium、Pentium Ⅱ、Pentium Ⅲ等都是指的 CPU 的型号。
42. 只读存储器（ROM）内所存的数据在断电之后也不会丢失。
43. 软盘驱动器既具有输入功能又具有输出功能。
44. 机器语言是低级语言，而汇编语言是高级语言。
45. 微型计算机中，显示器和打印机都是输出设备。
46. 计算机存储器的基本存储单位是比特。
47. 计算机的运行速度由 CPU 的主频决定，与其他因素无关。
48. 根据在同一时间使用计算机用户的多少，操作系统又可以分为单用户操作系统和多用户操作系统。

第 2 章 Windows 7 操作系统

本章重点练习计算机的基本操作知识（如：熟悉和使用键盘、指法练习、汉字录入等）和 Windows 7 操作系统的基本操作。通过本章练习要求能够熟练掌握计算机的基本操作，为后面的学习打下良好的基础，并能够熟练使用 Windows 7 操作系统。

2.1 Windows 7 的基本操作

实验目的
- 熟练掌握 Windows 7 的启动与关闭方法
- 掌握应用软件的启动方法
- 掌握桌面上图标的排列方法
- 掌握磁盘卷标的设置

2.1.1 Windows 7 的启动与关闭

1. 任务要求

（1）使用打开主机电源方法启动 Windows 7。
（2）使用 RESET 键启动 Windows 7。
（3）按安全模式启动 Windows 7。
（4）退出 Windows 7，关闭主机电源。

2. 操作步骤

（1）首先打开外设（如显示器）电源，然后打开主机电源，系统自动开始检测计算机系统的各个设备，检测完后开始自动启动 Windows 7 系统，屏幕出现 Windows 标志动画，稍候片刻，出现"欢迎"画面，同时显示 Windows 软件版本，几秒后"欢迎"画面消失，进入 Windows 7 的桌面。

（2）如果计算机在使用过程中出现死机等现象，可以在不关闭主机电源的前提下重新启动 Windows 7。启动方法是只须按主机箱上的 RESET 键，然后自动启动 Windows 7。启动过程同打开主机电源启动 Windows 7 的过程基本相同。

（3）首先打开外设（如显示器）电源，然后打开主机电源，系统自动开始检测计算机系统的各个设备。在检测过程中，按住功能键区的功能键 F8 不放，出现启动模式选择项。利用光标移动键将亮条移动到"安全模式"，然后按回车键，系统自动以安全模式启动 Windows 7。启动成功后，桌面的四个角出现"安全模式"。

（4）首先保存所有需要保存的数据，关闭所有已打开的窗口。单击桌面左下角的"开始"按钮，打开"开始"菜单，单击"关机"按钮，自动保存系统设置，退出 Windows 7，关闭主机电源。打开"关机"按钮旁边的下拉菜单，可以选择"注销"、"重新启动"、"锁定"、"休眠"和"睡眠"等命令。

2.1.2 启动应用软件

1. 任务要求
（1）利用"开始"菜单中的"运行"命令启动记事本。
（2）利用"开始">"所有程序">"附件">"记事本"启动记事本。
（3）利用记事本应用程序启动记事本。

2. 操作步骤
（1）单击桌面左下角的"开始"按钮，打开"开始"菜单，单击"开始"菜单中的"运行"，打开"运行"对话框，如图 2-1 所示。在"运行"对话框的"打开"文本框中输入记事本应用程序所在的盘符、路径和文件名，单击"确定"。由于 Windows 7 在默认状态下是不显示"运行"命令的，用户可以右击"开始"按钮，选择"属性"命令，在"开始菜单"选项卡中单击"自定义"按钮，在列表框下部勾选"运行命令"即可。

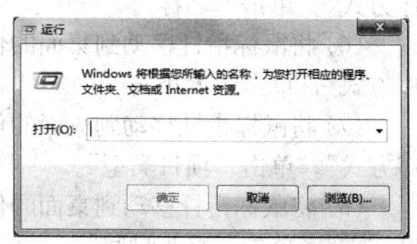

图 2-1 "运行"对话框

（2）单击桌面左下角的"开始"按钮，打开"开始"菜单；单击"开始"菜单中的"所有程序"，打开"所有程序"的下一级菜单；单击"程序"的下一级菜单中的"附件"，打开"附件"的下一级菜单；单击"附件"的下一级菜单中的"记事本"。

（3）首先利用"计算机"或资源管理器打开记事本应用程序所在的文件夹，将鼠标指针移到记事本应用程序的图标上，双击鼠标就可以启动记事本；右击鼠标，打开快捷菜单，单击快捷菜单中的"打开"，也可以启动记事本。

2.1.3 排列桌面上的图标

1. 任务要求
（1）隐藏桌面上的图标。
（2）显示桌面上的图标。
（3）将"计算机"移动到桌面的右上角。
（4）将"回收站"移动到桌面的右下角。
（5）按桌面上对象的名称重新排列对象。
（6）按桌面上对象的大小重新排列对象。
（7）按桌面上对象的类型重新排列对象。
（8）按桌面上对象的修改时间重新排列对象。

2. 操作步骤
（1）将鼠标指针移动到桌面的任一空白位置右击，打开快捷菜单。单击快捷菜单中的"查看"，如图 2-2 所示。单击"显示桌面图标"，将"显示桌面图标"左边的"√"去掉，桌面上所有的图标被隐藏。

（2）将鼠标指针移动到桌面的任一空白位置右击，

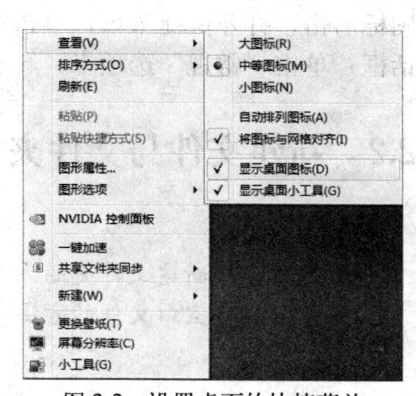

图 2-2 设置桌面的快捷菜单

打开快捷菜单。单击快捷菜单中的"查看",打开下一级菜单。此时"显示桌面图标"左边的"√"不存在。单击"显示桌面图标",在"显示桌面图标"左边将会出现 "√",桌面上所有被隐藏的图标显示出来。

(3)将鼠标指针移动到桌面"计算机"图标上,按住鼠标左键不动,拖动到桌面的右上角,释放鼠标。

(4)将鼠标指针移动到桌面"回收站"图标上,按住鼠标左键不动,拖动到桌面的右下角,释放鼠标。

(5)将鼠标指针移动到桌面的任一空白位置右击,打开快捷菜单。单击快捷菜单中的"排序方式",单击"名称"。

(6)将鼠标指针移动到桌面的任一空白位置右击,打开快捷菜单。单击快捷菜单中的"排序方式",单击"大小"。

(7)将鼠标指针移动到桌面的任一空白位置右击,打开快捷菜单。单击快捷菜单中的"排序方式",单击"项目类型"。

(8)将鼠标指针移动到桌面的任一空白位置右击,打开快捷菜单。单击快捷菜单中的"排序方式",单击"修改时间"。

2.1.4 磁盘卷标的设置

1. 任务要求

(1)将 D 盘的磁盘卷标设置为"计算机"。
(2)将 D 盘的磁盘卷标修改为"计算机教学"。
(3)取消 D 盘的磁盘卷标"计算机教学"。

2. 操作步骤

(1)双击桌面上"计算机"图标,打开资源管理器;将鼠标指针移动到"本地磁盘(D:)"图标右击,打开快捷菜单;单击快捷菜单中的"属性",打开"本地磁盘(D:)属性"对话框;单击"常规"选项卡;在文本框内输入"计算机";单击"确定"按钮。

(2)双击桌面上"计算机"图标,打开资源管理器;将鼠标指针移动到"本地磁盘(D:)"图标右击,打开快捷菜单;单击快捷菜单中的"重命名",将文本框内的"计算机"修改为"计算机教学"。

(3)双击桌面上"计算机"图标,打开资源管理器;将鼠标指针移动到"本地磁盘(D:)"图标右击,打开快捷菜单;单击快捷菜单中的"属性",打开"本地磁盘(D:)属性"对话框;单击"常规"选项卡;删除文本框内的"计算机教学";单击"确定"按钮。

2.2 新建文件与文件夹

实验目的
- 熟练掌握新建文件夹的方法
- 掌握新建空白文件的方法

2.2.1 新建文件夹

1. 任务要求

(1) 在 D 盘根目录下创建文件夹"教学"。
(2) 在"D:\教学"下创建文件夹"教学 1"、"教学 2"、"练习"、"实验素材"、"个人材料"。
(3) 在"D:\教学\教学 1"下创建文件夹"作业"、"试题"、"下载资料"。
(4) 在"D:\教学\练习"下创建文件夹"软件"、"word 试题"。
(5) 在 E 盘根目录下创建文件夹"计算机"。

2. 操作步骤

(1) 双击桌面上"计算机"图标,打开资源管理器;双击 "本地磁盘(D:)"图标,打开 D 盘根目录;将鼠标指针移动到 D 盘根目录的任一空白位置右击,打开快捷菜单;单击快捷菜单中的"新建",打开新建子菜单,如图 2-3 所示;单击新建子菜单中的"文件夹",如图 2-4 所示;输入"教学",按回车键或单击文件夹"教学"名称框外的任一空白位置。

图 2-3 "新建"快捷菜单

图 2-4 输入文件夹名称

(2) 双击桌面上"计算机"图标,打开资源管理器;双击 "本地磁盘(D:)"图标,打开 D 盘根目录;双击 D 盘根目录中"教学"文件夹图标,打开"教学"文件夹;将鼠标指针移动到"教学"文件夹的任一空白位置右击,打开快捷菜单;单击快捷菜单中的"新建",打开新建子菜单,如图 2-3 所示;单击新建子菜单中的"文件夹",如图 2-4 所示;输入"教学 1",按回车键或单击文件夹"教学 1"名称框外的任一空白位置。

用同样的方法新建文件夹"教学 2"、"练习"、"实验素材"、"个人材料"。

(3) 双击桌面上"计算机"图标,打开资源管理器;双击 "本地磁盘(D:)"图标,打开 D 盘根目录;双击 D 盘根目录中"教学"文件夹图标,打开"教学"文件夹;再双击"教学"文件夹中"教学 1"文件夹图标,打开"教学 1"文件夹;将鼠标指针移动到"教学 1"文件夹的任一空白位置右击,打开快捷菜单;单击快捷菜单中的"新建",打开新建子菜单,单击新建子菜单中的"文件夹",输入"作业",按回车键或单击文件夹"作业"名称框外的任一空白位置。

用同样的方法新建文件夹"试题"、"下载材料"。

(4) 双击桌面上"计算机"图标,打开资源管理器;双击 "本地磁盘(D:)"图标,打开 D 盘根目录;双击 D 盘根目录中"教学"文件夹图标,打开"教学"文件夹;双击"教学"文件夹中"练习"文件夹图标,打开"练习"文件夹;将鼠标指针移动到"练习"文件夹的任一空白位置右击,打开快捷菜单;单击快捷菜单中的"新建",打开新建子菜单,单击新建子菜单中的"文件夹",输入"软件",按回车键或单击文件夹"软件"名称框外的任一空白位置。

用同样的方法新建文件夹"word 试题"。

（5）双击桌面上"计算机"图标，打开资源管理器；双击"本地磁盘（E:）"图标，打开 E 盘根目录；将鼠标指针移动到 E 盘根目录的任一空白位置右击，打开快捷菜单；单击快捷菜单中的"新建"，打开新建子菜单，单击新建子菜单中的"文件夹"，输入"计算机"，按回车键或单击文件夹"教学"名称框外的任一空白位置。

2.2.2 新建空白文件

1. 任务要求

（1）在"D:\教学"下创建空白文本文档"dir.txt"、"read.txt"。

（2）在"D:\教学"下创建空白 word 文档"个人简历.docx"、"班级简介.docx"、"学校概况.docx"。

（3）在"D:\教学"下创建空白 excel 工作簿"同学通讯录.xlsx"、"成绩表.xlsx"、"学籍档案.xlsx"。

2. 操作步骤

（1）双击桌面上"计算机"图标，打开资源管理器；双击"本地磁盘（D:）"图标，打开 D 盘根目录；双击 D 盘根目录中"教学"文件夹图标，打开"教学"文件夹；将鼠标指针移动到"教学"文件夹的任一空白位置右击，打开快捷菜单；单击快捷菜单中的"新建"，打开新建子菜单，如图 2-3 所示；单击新建子菜单中的"文本文档"，如图 2-5 所示；输入"dir.txt"，按回车键或单击文本文档"dir.txt"名称框外的任一空白位置。

用同样的方法新建空白文本文档"read.txt"。

（2）双击桌面上"计算机"图标，打开资源管理器；双击"本地磁盘（D:）"图标，，打开 D 盘根目录；双击 D 盘根目录中"教学"文件夹图标，打开"教学"文件夹；将鼠标指针移动到"教学"文件夹的任一空白位置右击，打开快捷菜单；单击快捷菜单中的"新建"，打开新建子菜单；单击新建子菜单中的"Microsoft Word 文档"，如图 2-6 所示；输入"个人简历.docx"，按回车键或单击 word 文档"个人简历.docx"名称框外的任一空白位置。

用同样的方法新建空白 word 文档 "班级简介.docx"、"学校概况.docx"。

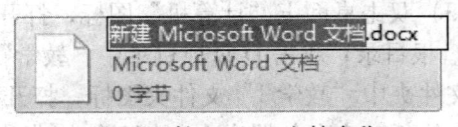

图 2-5 输入文本文档名称　　　　　　图 2-6 输入 word 文档名称

（3）双击桌面上"计算机"图标，打开资源管理器；双击"本地磁盘（D:）"图标，打开 D 盘根目录；双击 D 盘根目录中"教学"文件夹图标，打开"教学"文件夹；将鼠标指针移动到"教学"文件夹的任一空白位置右击，打开快捷菜单；单击快捷菜单中的"新建"，打开新建子菜单，如图 2-3 所示；单击新建子菜单中的"Microsoft Excel 工作表"；输入"同学通讯录.xlsx"，按回车键或单击 excel 工作簿"同学通讯录.xlsx"名称框外的任一空白位置。

用同样的方法新建空白 excel 工作簿"成绩表.xlsx"、"学籍档案.xlsx"。

2.3 创建快捷方式

实验目的
- 掌握创建桌面快捷方式的方法
- 掌握在文件夹中创建快捷方式的方法
- 掌握在"开始"菜单或子菜单中添加快捷方式的方法

2.3.1 创建桌面快捷方式

1. 任务要求

（1）利用快捷菜单的"发送到"创建"D:\教学"下 word 文档"个人简历.doc"的桌面快捷方式。

（2）利用右键拖动的方法创建"D:\教学"下 word 文档"班级简介.doc"的桌面快捷方式。

（3）利用复制的方法创建"D:\教学"下 word 文档"学校概况.doc"的桌面快捷方式。

2. 操作步骤

（1）双击桌面上"计算机"图标，打开资源管理器；双击 "本地磁盘（D:）"图标，打开 D 盘根目录；双击 D 盘根目录中"教学"文件夹图标，打开"教学"文件夹；将鼠标指针移动到 word 文档"个人简历.doc"图标右击，打开快捷菜单，单击快捷菜单中的"发送到"，打开"发送到"子菜单；单击"发送到"子菜单中的"桌面快捷方式"。

（2）双击桌面上"计算机"图标，打开资源管理器；双击 "本地磁盘（D:）"图标，打开 D 盘根目录；双击 D 盘根目录中"教学"文件夹图标，打开"教学"文件夹；若打开的窗口处于最大化状态，单击标题栏右边的"还原"按钮；将鼠标指针移动到 word 文档"班级简介.doc"图标位置，按下鼠标右键不动，拖动到桌面上释放鼠标，打开快捷菜单；单击快捷菜单中的"在当前位置创建快捷方式"。

（3）双击桌面上"计算机"图标，打开资源管理器；双击 "本地磁盘（D:）"图标，打开 D 盘根目录；双击 D 盘根目录中"教学"文件夹图标，打开"教学"文件夹；将鼠标指针移动到 word 文档"学校概况.docx"图标右击，打开快捷菜单，单击快捷菜单中的"创建快捷方式"，或单击 word 文档"学校概况.docx"图标，然后单击菜单栏中的"文件"，打开"文件"菜单，单击"文件"菜单中的"创建快捷方式"，均可创建 word 文档"学校概况.doc"的快捷方式；最后把 word 文档"学校概况.docx"的快捷方式复制到桌面。

2.3.2 在文件夹中创建快捷方式

1. 任务要求

（1）利用快捷菜单创建"D:\教学"下 excel 工作簿"同学通讯录.xlsx"的快捷方式。

（2）在 D 盘根目录下利用"文件">"新建">"快捷方式"创建"D:\教学"下 excel 工作簿"成绩表.xlsx"的快捷方式。

（3）利用"文件">"创建快捷方式"创建"D:\教学"下 excel 工作簿"学籍档案.xlsx"的快捷方式。

2. 操作步骤

（1）双击桌面上"计算机"图标，打开资源管理器；双击"本地磁盘（D:)"图标，打开 D 盘根目录；双击 D 盘根目录中"教学"文件夹图标，打开"教学"文件夹；将鼠标指针移动到 excel 工作簿"同学通讯录.xlsx"图标右击，打开快捷菜单，单击快捷菜单中的"创建快捷方式"。

（2）双击桌面上"计算机"图标，打开资源管理器；双击"本地磁盘（D:)"图标，打开 D 盘根目录；单击菜单栏中的"文件"，打开文件子菜单；单击文件子菜单中的"新建"，打开新建子菜单；单击新建子菜单中的"快捷方式"，打开"创建快捷方式"对话框；单击"创建快捷方式"对话框中的"浏览"按钮，打开"浏览文件夹"窗口；单击"计算机"；单击"本地磁盘（D:)"；单击"教学"；单击"成绩表.xlsx"；单击"确定"按钮，返回到"创建快捷方式"对话框；单击"下一步"按钮；单击"完成"按钮。

提示：创建过程中只需打开存放快捷方式的文件夹。存放用于创建快捷方式的对象的文件夹不需要打开。

（3）双击桌面上"计算机"图标，打开资源管理器；双击"本地磁盘（D:)"图标，打开 D 盘根目录；双击 D 盘根目录中"教学"文件夹图标，打开"教学"文件夹；单击 excel 工作簿"学籍档案.xlsx"图标；单击菜单栏中的"文件"，打开文件子菜单；单击文件子菜单中的"创建快捷方式"。

2.3.3 在"开始"菜单或子菜单中添加快捷方式

1. 任务要求

（1）在"开始"菜单中添加"D:\教学"下 excel 工作簿"同学通讯录.xlsx"的快捷方式。
（2）将"所有程序"中的命令设置在开始菜单的顶部。

2. 操作步骤

（1）首先创建"D:\教学"下 excel 工作簿"同学通讯录.xlsx"的快捷方式。然后将文件的快捷方式拖动到开始菜单即可。

（2）打开"所有程序"列表，在其中用右键单击需要设置的文件，在弹出的快捷菜单中选择"附到「开始」菜单"命令，就可以将所选程序固定在开始菜单顶端了。设置完成后，我们可以看到开始菜单顶端已固定的程序图标和其他程序图标之间有一条横线相隔，便于用户区分和调用，如果我们想撤销某个程序图标在开始菜单的固定位置，只需在开始菜单顶端固定区域中用鼠标右键点击指定程序图标，从右键菜单中选择"从「开始」菜单解锁"，这样这个程序图标就从开始菜单的固定区域中消失了。

2.4 文件或文件夹的属性设置与重命名

实验目的
- 掌握文件夹选项设置的方法
- 熟练掌握文件或文件夹属性设置的方法
- 熟练掌握文件或文件夹重命名的方法

2.4.1 文件夹选项设置

1. 任务要求

(1) 隐藏或显示具有隐藏属性的文件和文件夹。

(2) 隐藏或显示已知文件类型的扩展名。

2. 操作步骤

(1) 双击桌面上"计算机"图标,打开资源管理器;单击菜单栏中的"工具",打开"工具"菜单;单击"文件夹选项",打开"文件夹选项"对话框;单击"查看"选项卡;拖动垂直滚动条,找到"隐藏文件和文件夹",如图 2-7 所示;选定"不显示隐藏的文件、文件夹或驱动器"单选项;单击"确定";隐藏具有隐藏属性的文件和文件夹的设置完成。

如果需要显示具有隐藏属性的文件和文件夹,只需在图 2-7 中选定"显示隐藏的文件、文件夹和驱动器"即可。

(2) 双击桌面上"计算机"图标,打开资源管理器;单击菜单栏中的"工具",打开工具菜单;单击"文件夹选项",打开"文件夹选项"对话框;单击"查看"选项卡,如图 2-7 所示;选定"隐藏已知文件类型的扩展名"复选项;单击"确定";隐藏已知文件类型的扩展名的设置完成。

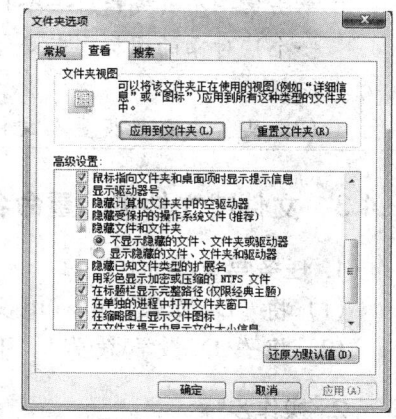

图 2-7 "文件夹选项"对话框

如果需要显示已知文件类型的扩展名,只需取消"隐藏已知文件类型的扩展名"复选项即可。

2.4.2 文件或文件夹的属性设置

1. 任务要求

(1) 将"D:\教学"下 word 文档"个人简历.docx"、"班级简介.docx"设置为隐藏、只读属性。

(2) 取消"D:\教学"下 word 文档"个人简历.docx"、"班级简介.docx"的隐藏、只读属性。

2. 操作步骤

(1) 双击桌面上"计算机"图标,打开资源管理器;双击资源管理器中"本地磁盘(D:)"图标,打开 D 盘根目录;双击 D 盘根目录中"教学"文件夹图标,打开"教学"文件夹;选定 word 文档"个人简历.docx"、"班级简介.docx"右击,打开快捷菜单;单击"属性",打开对话框如图 2-8 所示;分别单击对话框中的"隐藏"、"只读"左边的复选按钮,按钮内出现"√"符号;单击"确定"按钮。

(2) 双击桌面上"计算机"图标,打开资源管理器;双击资源管理器中"本地磁盘(D:)"图标,打开 D 盘根目

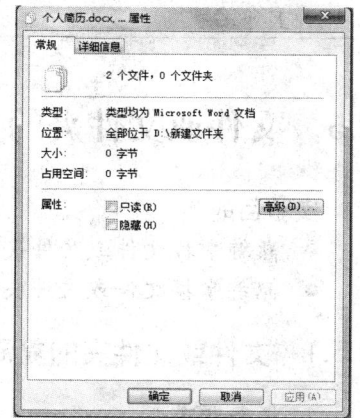

图 2-8 文件属性对话框

录；双击 D 盘根目录中"教学"文件夹图标，打开"教学"文件夹；选定 word 文档"个人简历.docx"、"班级简介.docx"右击，打开快捷菜单；单击"属性"，打开对话框如图 2-8 所示；分别单击对话框中的"隐藏"、"只读"左边的复选按钮，按钮内"√"符号消失；单击"确定"按钮。

> 提示：(1) 选定文件或文件夹时，若是单个对象，单击对象图标即可；若是连续多个对象，单击第一个（或最后一个）对象的图标，然后按下 Shift 键不动，单击最后一个（或第一个）对象的图标；若是不连续的多个对象，按下 Ctrl 键不动，分别单击每个对象的图标。
> (2) 文件夹属性设置与文件的相同，并且可以同时选定文件和文件夹设置属性。

2.4.3 文件或文件夹的重命名

1. 任务要求

(1) 将"D:\教学"下 word 文档"个人简历.docx"重命名为"张华海.docx"。

(2) 将" D:\教学\教学 1"下文件夹"作业"重命名为"平时作业"。

2. 操作步骤

(1) 双击桌面上"计算机"图标，打开资源管理器；双击资源管理器中"本地磁盘 (D:)"图标，打开 D 盘根目录；双击 D 盘根目录中"教学"文件夹图标，打开"教学"文件夹；将鼠标指针移动到 word 文档"个人简历.docx"图标右击，打开快捷菜单；单击快捷菜单中的"重命名"；输入"张华海.docx"，按回车键或单击名称框外的任一空白位置。

(2) 双击桌面上"计算机"图标，打开资源管理器；双击资源管理器中"本地磁盘 (D:)"图标，打开 D 盘根目录；双击 D 盘根目录中"教学"文件夹图标，打开"教学"文件夹；双击"教学"文件夹下的"教学 1"文件夹图标，打开"教学 1"文件夹；单击"作业"文件夹的图标，单击菜单栏中的"文件"，打开文件子菜单；单击文件子菜单中的"重命名"；输入"平时作业"，按回车键或单击名称框外的任一空白位置。

> 提示：(1) 一次只能为一个文件或文件夹重命名。
> (2) 重命名文件的方法适用于文件夹的重命名，重命名文件夹的方法也适用于文件的重命名。

2.5 文件或文件夹的复制与移动

实验目的

- 熟练掌握文件或文件夹的复制
- 熟练掌握文件或文件夹的移动

2.5.1 文件或文件夹的复制

1. 任务要求

(1) 利用菜单命令或键盘命令将"D:\教学"下的文件"dir.txt"、"成绩表.xlsx"和文件夹"平时作业"复制到"D:\教学\个人材料"下。

(2) 利用快捷菜单命令将"D:\教学\个人材料"下的文件"dir.txt"、"成绩表.xlsx"和文件夹"平时作业"复制到"D:\教学\实验素材"下。

(3) 利用鼠标拖动的方法将"D:\教学"下的文件"dir.txt"、"成绩表.xlsx"和文件夹"平时作业"复制到"D:\教学\练习"下。

2. 操作步骤

(1) 双击桌面上"计算机"图标,打开资源管理器;双击资源管理器中"本地磁盘(D:)"图标,打开 D 盘根目录;双击 D 盘根目录中"教学"文件夹图标,打开"教学"文件夹;按住 Ctrl 键不动,分别单击文件"dir.txt"、"成绩表.xlsx"和文件夹"平时作业"的图标;单击菜单栏中的"编辑",打开编辑子菜单;单击编辑子菜单中的"复制"(或按 Ctrl+C);双击桌面上"计算机"图标,打开资源管理器;双击资源管理器中"本地磁盘(D:)"图标,打开 D 盘根目录;双击 D 盘根目录中"教学"文件夹图标,打开"教学"文件夹;双击"教学"文件夹下的"个人材料"文件夹图标,打开"个人材料"文件夹;单击菜单栏中的"编辑",打开编辑子菜单;单击编辑子菜单中的"粘贴"(或按 Ctrl+V)。

(2) 双击桌面上"计算机"图标,打开资源管理器;双击资源管理器中"本地磁盘(D:)"图标,打开 D 盘根目录;双击 D 盘根目录中"教学"文件夹图标,打开"教学"文件夹;双击"教学"文件夹下的"个人材料"文件夹图标,打开"个人材料"文件夹;单击菜单栏中的"编辑",打开编辑子菜单;单击编辑子菜单中的"全选"(或按 Ctrl+A);将鼠标指针移到任一对象的图标上右击,打开快捷菜单;单击快捷菜单中的"复制";双击桌面上"计算机"图标,打开资源管理器;双击资源管理器中"本地磁盘(D:)"图标,打开 D 盘根目录;双击 D 盘根目录中"教学"文件夹图标,打开"教学"文件夹;双击"教学"文件夹下的"实验素材"文件夹图标,打开"实验素材"文件夹;在"实验素材"文件夹内的任一空白处右击,打开快捷菜单;单击快捷菜单中的"粘贴"。

(3) 双击桌面上"计算机"图标,打开资源管理器;双击资源管理器中"本地磁盘(D:)"图标,打开 D 盘根目录;双击 D 盘根目录中"教学"文件夹图标,打开"教学"文件夹;双击"教学"文件夹下的"练习"文件夹图标,打开"练习"文件夹;单击标题栏右边的还原按钮;双击桌面上"计算机"图标,打开资源管理器;双击资源管理器中"本地磁盘(D:)"图标,打开 D 盘根目录;双击 D 盘根目录中"教学"文件夹图标,打开"教学"文件夹;单击标题栏右边的还原按钮;按住 Ctrl 键不动,分别单击文件"dir.txt"、"成绩表.xlsx"和文件夹"平时作业"的图标;按住 Ctrl 键不动,按下鼠标左键将选定的对象拖动到"练习"文件夹内(若文件夹"练习"和"教学"在不同的磁盘分区,则直接按下鼠标左键拖动即可);释放鼠标左键和 Ctrl 键。

2.5.2 文件或文件夹的移动

1. 任务要求

(1) 利用菜单命令或键盘命令将"D:\教学\个人材料"下的文件"dir.txt"、"成绩表.xlsx"和文件夹"平时作业"移动到"D:\教学\教学 2"下。

(2) 利用快捷菜单命令将"D:\教学\教学 2"下的文件"dir.txt"、"成绩表.xlsx"和文件夹"平时作业"移动到"D:\教学\个人材料"下。

(3) 利用鼠标拖动的方法将"D:\教学\个人材料"下的文件"dir.txt"、"成绩表.xlsx"和文件夹"平时作业"移动到"E:\计算机"下。

2. 操作步骤

(1) 双击桌面上"计算机"图标，打开资源管理器；双击资源管理器中"本地磁盘 (D:)"图标，打开 D 盘根目录；双击 D 盘根目录中"教学"文件夹图标，打开"教学"文件夹；双击"教学"文件夹下的"个人材料"文件夹图标，打开"个人材料"文件夹；按住 Ctrl 键不动，分别单击文件"dir.txt"、"成绩表.xlsx"和文件夹"平时作业"的图标；单击菜单栏中的"编辑"，打开编辑子菜单；单击编辑子菜单中的"剪切"（或按 Ctrl+X）；双击桌面上"计算机"图标，打开资源管理器；双击资源管理器中"本地磁盘 (D:)"图标，打开 D 盘根目录；双击 D 盘根目录中"教学"文件夹图标，打开"教学"文件夹；双击"教学"文件夹下的"教学 2"文件夹图标，打开"教学 2"文件夹；单击菜单栏中的"编辑"，打开编辑子菜单；单击编辑子菜单中的"粘贴"（或按 Ctrl+V）。

(2) 双击桌面上"计算机"图标，打开资源管理器；双击资源管理器中"本地磁盘 (D:)"图标，打开 D 盘根目录；双击 D 盘根目录中"教学"文件夹图标，打开"教学"文件夹；双击"教学"文件夹下的"教学 2"文件夹图标，打开"教学 2"文件夹；单击菜单栏中的"编辑"，打开编辑子菜单；单击编辑子菜单中的"全选"（或按 Ctrl+A）；将鼠标指针移到任一对象的图标上右击，打开快捷菜单；单击快捷菜单中的"剪切"；双击桌面上"计算机"图标，打开资源管理器；双击资源管理器中"本地磁盘 (D:)"图标，打开 D 盘根目录；双击 D 盘根目录中"教学"文件夹图标，打开"教学"文件夹；双击"教学"文件夹下的"个人材料"文件夹图标，打开"个人材料"文件夹；在"个人材料"文件夹内的任一空白处右击，打开快捷菜单；单击快捷菜单中的"粘贴"。

(3) 双击桌面上"计算机"图标，打开资源管理器；双击资源管理器中"本地磁盘 (E:)"图标，打开 E 盘根目录；双击 E 盘根目录中"计算机"文件夹图标，打开"计算机"文件夹；单击标题栏右边的还原按钮；双击桌面上"计算机"图标，打开资源管理器；双击资源管理器中"本地磁盘 (D:)"图标，打开 D 盘根目录；双击 D 盘根目录中"教学"文件夹图标，打开"教学"文件夹；双击"教学"文件夹下的"个人材料"文件夹图标，打开"个人材料"文件夹；单击标题栏右边的还原按钮；按住 Ctrl 键不动，分别单击文件"dir.txt"、"成绩表.xlsx"和文件夹"平时作业"的图标；按住 Shift 键不动，按下鼠标左键将选定的对象拖动到"计算机"文件夹内（若文件夹"计算机"和"个人材料"在同一磁盘分区，则直接按下鼠标左键拖动即可）；释放鼠标左键和 Shift 键。

提示：若复制（或移动）文件夹，则把该文件夹下的所有各级文件夹及其他们内的所有文件同时复制（或移动）。

2.6 文件或文件夹的删除与文件的压缩

实验目的

- 熟练掌握文件或文件夹的删除
- 了解回收站的操作

- 掌握文件的压缩

2.6.1 文件或文件夹的删除

1. 任务要求

(1) 利用菜单命令删除"E:\计算机"下的文件"dir.txt"、"成绩表.xlsx"和文件夹"平时作业"。

(2) 利用快捷菜单命令删除"D:\教学\实验素材"下的文件"dir.txt"、"成绩表.xlsx"和文件夹"平时作业"。

(3) 利用鼠标拖动的方法删除"D:\教学\练习"下的文件"dir.txt"、"成绩表.xlsx"和文件夹"平时作业"。

2. 操作步骤

(1) 双击桌面上"计算机"图标,打开资源管理器;双击资源管理器中"本地磁盘(E:)"图标,打开 E 盘根目录;双击 E 盘根目录中"计算机"文件夹图标,打开"计算机"文件夹;按住 Ctrl 键不动,分别单击文件"dir.txt"、"成绩表.xlsx"和文件夹"平时作业"的图标;单击菜单栏中的"文件",打开文件子菜单;单击文件子菜单中的"删除",打开"确认文件删除"对话框;单击"是"。

(2) 双击桌面上"计算机"图标,打开资源管理器;双击资源管理器中"本地磁盘(D:)"图标,打开 D 盘根目录;双击 D 盘根目录中"教学"文件夹图标,打开"教学"文件夹;双击"教学"文件夹下的"实验素材"文件夹图标,打开"实验素材"文件夹;按住 Ctrl 键不动,分别单击文件"dir.txt"、"成绩表.xlsx"和文件夹"平时作业"的图标,选定对象后右击,打开快捷菜单;单击快捷菜单中的"删除",打开"确认文件删除"对话框;单击"是"。

(3) 双击桌面上"计算机"图标,打开资源管理器;双击资源管理器中"本地磁盘(D:)"图标,打开 D 盘根目录;双击 D 盘根目录中"教学"文件夹图标,打开"教学"文件夹;双击"教学"文件夹下的"练习"文件夹图标,打开"练习"文件夹;单击标题栏右边的还原按钮;按住 Ctrl 键不动,分别单击文件"dir.txt"、"成绩表.xlsx"和文件夹"平时作业"的图标;按住鼠标左键不动,将选定的对象拖动到桌面上"回收站"的图标上,释放鼠标左键。

提示:三种删除方法执行的结果都是将选定的对象移动到回收站,如果想把选定的对象直接删除,只需在选择"删除"前按住 Shift 键不动,然后再选择"删除",或者按快捷键 Shift+Delete。

2.6.2 回收站的删除操作

1. 任务要求

(1) 还原回收站中的文件"dir.txt"。

(2) 删除回收站中的文件"成绩表.xlsx"。

(3) 清空回收站。

2. 操作步骤

(1) 双击桌面上"回收站"图标,打开"回收站"窗口;单击文件"dir.txt"的图标;单击菜单栏中的"文件",打开文件子菜单;单击文件子菜单中的"还原"。

（2）双击桌面上"回收站"图标，打开"回收站"窗口；将鼠标指针移动到文件"成绩表.xlsx"图标右击，打开快捷菜单；单击快捷菜单中的"删除"，打开"删除文件"对话框；单击"是"。

（3）双击桌面上"回收站"图标，打开"回收站"窗口；单击"清空回收站"按钮，打开"确认文件删除"对话框；单击"是"。

2.6.3 文件的压缩

1. 任务要求

（1）压缩"D:\教学"下的文件"read.txt"。

（2）压缩"D:\教学"下的文件"学籍档案.xlsx"。

2. 操作步骤

（1）双击桌面上"计算机"图标，打开资源管理器；双击资源管理器中"本地磁盘（D:）"图标，打开 D 盘根目录；双击 D 盘根目录中"教学"文件夹图标，打开"教学"文件夹；将鼠标指针移动到文件"read.txt"图标右击，打开快捷菜单；单击快捷菜单中的"添加到'read.rar'"。

（2）双击桌面上"计算机"图标，打开资源管理器；双击资源管理器中"本地磁盘（D:）"图标，打开 D 盘根目录；双击 D 盘根目录中"教学"文件夹图标，打开"教学"文件夹；将鼠标指针移动到文件"学籍档案.xlsx"图标右击，打开快捷菜单；单击快捷菜单中的"添加到压缩文件"，打开"压缩文件名和参数"对话框；单击"常规"选项卡；设置压缩文件名、压缩文件格式、压缩方式、压缩选项；单击"确定"。

2.7 Windows 7 自带的实用程序

实验目的
- 了解控制面板中实用程序的应用
- 了解 Windows 7 附件中实用程序的应用

2.7.1 控制面板

1. 任务要求

打开控制面板中的实用程序。

2. 操作步骤

单击"开始"按钮，单击"控制面板"，打开控制面板窗口；双击控制面板窗口中实用程序的图标；尝试进行各种设置。

3. 练习

请同学们练习控制面板中各实用程序的应用。

2.7.2 附件

1. 任务要求

打开附件中的实用程序（如记事本）。

2. 操作步骤

单击"开始"按钮，打开"开始"菜单；单击"所有程序"，打开"所有程序"子菜单；单击"附件"，打开"附件"子菜单；在"附件"子菜单中单击"记事本"。

3. 练习

请同学们练习附件中各实用程序的应用。

2.8 本章习题

一、单项选择题

1. 操纵 Windows 7 最方便的工具是_____。
   A. 鼠标　　　　　　B. 打印机　　　　　C. 屏幕　　　　　　D. 键盘
2. 为了正常退出 Windows，用户采取的安全操作是_____。
   A. 在任意时刻关掉计算机电源
   B. 选择开始菜单中的"关闭系统"并进行人机对话
   C. 在没有任何程序执行的情况下关掉计算机的电源
   D. 在没有任何程序执行的情况下按 Alt-Ctrl-Del
3. 欲在"我的电脑"或"资源管理器"窗口中改变一个文件或文件夹的名称，可以先选取该文件或文件夹，再用鼠标左键_____。
   A. 单击该文件夹或文件名称　　　　　B. 单击该文件夹或文件图标
   C. 双击该文件夹或文件名称　　　　　D. 双击该文件夹或文件图标
4. 在 Windows98 中同时运行多个程序时，会有若干个窗口显示在桌面上，任一时刻只有一个窗口与用户进行交互，该窗口称之为_____。
   A. 运行程序窗口　　　　　　　　　　B. 活动窗口
   C. 移动窗口　　　　　　　　　　　　D. 菜单窗口
5. 在 Windows98 中任务栏的主要作用是_____。
   A. 显示系统的所有功能　　　　　　　B. 只显示当前活动窗口名
   C. 只显示正在后台工作的窗口名　　　D. 实现窗口间的切换
6. 程序文件是由程序员编写计算机能读懂的代码组成，用户可以双击大多数程序文件，以启动和执行程序。程序文件具有的文件扩展名为_____。
   A. .com;.exe　　　B. .txt　　　　　　C. .doc　　　　　　D. .xls.xla
7. 裁剪图片最简单的方法是按住_____键，同时用鼠标拖动图片四周控制点。
   A. Ctrl　　　　　　B. Shift　　　　　　C. Alt
8. 在 Windows 中，关于"开始"菜单叙述不正确的是_____。
   A. 单击"开始"按钮，可以启动开始菜单
   B. 用户想做的任何事情都可以通过启动开始菜单实现
   C. 可在"开始"菜单中增加菜单项，但不能删除菜单项
   D. "开始"菜单包括关闭系统、帮助、程序、设置等菜单项
9. 在"画图"程序的"工具箱"中，标有小刷子的工具按钮的作用是_____。
   A. 使用不同形状的刷子画图　　　　　B. 格式刷，用来进行文字的格式化

C. 用来取画布上像素的格式　　　　D. 用来把画布刷成同一种颜色
10. 打开"资源管理器"的方法不能是_____。
　　A. 右击"开始"按钮　　　　　　　B. 选择"开始"、"程序"菜单
　　C. "计算机"的快捷菜单　　　　　D. "控制面板"中选择
11. 在"资源管理器"中选定多个文件的方法不能是_____。
　　A. 逐个双击要选定的文件
　　B. 在右窗口按住鼠标左键选下文件所在的区域
　　C. 按住 Ctrl 键逐个单击被选定的文件
　　D. 按住 Shift 键单击首尾文件图标
12. 修改任务栏的属性可以通过_____。
　　A. 桌面的快捷菜单　　　　　　　B. "开始"按钮
　　C. 控制面板中的任务栏　　　　　D. "计算机"中的任务栏选择项
13. 在任务栏的属性窗口不能进行的设置是_____。
　　A. 任务栏是否自动隐藏　　　　　B. "开始"菜单上图标的大小
　　C. 任务栏在桌面上的位置　　　　D. 任务栏上是否显示时钟图标
14. 以下对桌面图标的解释正确的是_____。
　　A. 指向应用程序或系统组件的链接
　　B. 是 Windows 操作系统的超级链接
　　C. 是为了使桌面不至于太单调
　　D. 增加桌面图标必须在"桌面属性"中设置
15. 对于 DOS 操作系统，以下说法不正确的是_____。
　　A. DOS 是微型计算机上使用最早的操作系统
　　B. DOS 操作系统是基于字符命令的操作系统
　　C. DOS 是一种单用户多任务操作系统
　　D. DOS 目前仍然有不少的应用
16. 在"区域选项"中无法设置的是_____。
　　A. 系统使用国别　　B. 中文输入法　　C. 字符集　　　　D. 日期时间格式
17. 一般说来，计算机多媒体特性不包括_____。
　　A. 交互性　　　　　B. 集成性　　　　C. 多样性　　　　D. 实时性
18. 以下不属于应用程序的是_____。
　　A. 任务管理器　　　B. 我的文档　　　C. 超级解霸　　　D. IE 浏览器
19. Windows 7 是一个_____操作系统。
　　A. 分时　　　　　　B. 批处理　　　　C. 单用户　　　　D. 实时控制
20. Windows 操作系统中没有直接定义的鼠标操作是_____。
　　A. 左键双击　　　　B. 右键单击　　　C. 中键拖动　　　D. 左键拖动
21. 在显示属性窗口中可以进行的设置是_____。
　　A. 设置屏幕分辨率　　　　　　　B. 设置屏幕的亮度和对比度
　　C. 设置屏幕是彩色显示还是黑白显示　　D. 更新显卡的驱动程序
22. Windows 应用程序窗口中一般不存在的组件是_____。
　　A. 菜单栏　　　　　B. 工具栏　　　　C. 标题栏　　　　D. 预览栏

23. 在中文输入和英文输入之间切换所使用的键盘命令是_____。
    A. Alt+Space　　　　B. Ctrl+Space　　　　C. Ctrl+Shift　　　　D. Shift+Space
24. 在音频文件格式中，MIDI 格式和 WAV 格式的根本不同之处在于_____。
    A. 前者必须通过专门的设备播放，而后者不需要专门的播放设备
    B. 前者的音频文件较小，后者的音频文件较大
    C. 前者保存的是乐器信号的数字化描述，后者是记录的波形信号
    D. 前者的音质不如后者
25. 文件扩展名的意义是_____。
    A. 表示文件的属性　　　　　　　　　　B. 表示文件的类型
    C. 表示文件的特征　　　　　　　　　　D. 表示文件的结构
26. 目前常用的动态图像压缩标准是_____。
    A. ZIP　　　　　　B. JPEG　　　　　　C. MPEG　　　　　　D. DPEG
27. 在显示属性中的"外观"设置中，无法设置的是_____。
    A. 窗口标题栏的颜色　　　　　　　　　B. 窗口的背景色
    C. 窗口中使用的字体　　　　　　　　　D. 窗口的初始显示位置
28. 采用拖放的方法将一个文件从当前位置复制到另一个逻辑硬盘的文件夹中，_____。
    A. 必须按住 Ctrl 键用鼠标左键拖放
    B. 必须按住 Shift 键用鼠标左键拖放
    C. 必须按住 Alt 键用鼠标右键拖放
    D. 不用按住键盘键直接用鼠标左键拖放
29. 在"写字板"应用程序窗口的用户区，不存在的组件是_____。
    A. 滚动条　　　　　B. 插入点　　　　　C. 标题栏　　　　　D. 水平标尺
30. Windows 7 可以不支持的文件系统是_____。
    A. FAT　　　　　　B. FAT32　　　　　　C. FAT48　　　　　　D. NTFS
31. 对于账户 Administrator，以下说法不正确的是_____。
    A. 该账户有对计算机的完全控制权　　　B. 该账户可以重命名但不能删除
    C. 该账户只用在连网的计算机中存在　　D. 该账户在 Windows 7 安装时建立
32. 以下未经压缩的静态图像数据格式是_____。
    A. JPG　　　　　　B. GIF　　　　　　　C. BMP　　　　　　　D. TIF
33. 在下面的文件名中，不正确的文件名是_____。
    A. 我的文件 File.txt　　　　　　　　　B. File<aaa>.doc
    C. File_name　　　　　　　　　　　　D. Not File Name.abcd
34. 不属于剪贴板操作命令的是_____。
    A. Ctrl+A　　　　　B. Ctrl+V　　　　　C. Ctrl+C　　　　　D. Ctrl+X
35. 以下不属于 Windows 7 特性的是_____。
    A. 更多的硬件支持　　　　　　　　　　B. 更加丰富的动态效果
    C. 更方便的系统配置　　　　　　　　　D. 更强大的网络功能
36. 在"添加/删除程序"中，可以进行的工作是_____。
    A. 删除一个网上其他计算机的应用程序　B. 添加一个硬件的驱动程序
    C. 删除一个用户工作　　　　　　　　　D. 删除 Windows 系统的部分组件

37. 以下对"回收站"的解释正确的是_____。
    A. 是 Windows 操作系统中的一个组件　　B. 存在于各逻辑硬盘上的系统文件夹
    C. 是 Windows 下的一个应用程序　　　　D. 是一个应用程序的快捷方式
38. 对于"模式对话框",以下解释正确的是_____。
    A. 采用 Windows 标准模式构建的对话框
    B. 不能改变大小和位置的对话框
    C. 不含有标题栏的对话框
    D. 对话框不关闭不能进行应用程序主窗口操作的对话框
39. 安装 Windows 7 之前,对计算机的要求是_____。
    A. 计算机不能已经安装了其他的操作系统
    B. 计算机应至少分成了两个或两个以上的分区
    C. 所使用的文件系统在硬盘格式化中已经确定
    D. 硬盘上至少有 16GB 以上的空闲空间
40. 对多媒体数据进行压缩是因为_____。
    A. 数据量太大
    B. 多媒体数据的结构太复杂
    C. 多媒体数据不压缩硬件设备就无法播放
    D. 以上三种原因都有
41. 在输入法的"功能设置"菜单中,无法进行的工作是_____。
    A. 定义词典　　　　　　　　　　　　　B. 设置是否光标跟随
    C. 设置软键盘上的符号　　　　　　　　D. 切换输入法
42. 选择多个不连续排列的文件,需要按_____按键逐个单击文件名。
    A. Shift　　　　　B. Ctrl　　　　　C. Alt　　　　　D. Tab
43. 所谓多文档应用程序,是指_____。
    A. 可以同时打开多个文档的应用程序
    B. 可以将当前文档同时保存成多个文档的应用程序
    C. 可以多次运行才能打开多个文档的应用程序
    D. 可以打开多种不同格式文档的应用程序
44. 在桌面背景的设置中,无法设置的背景显示方式是_____。
    A. 居中　　　　　B. 平铺　　　　　C. 叠放　　　　　D. 拉伸
45. 计算机用户和组的管理,通过控制面板下的_____完成。
    A. 网络　　　　　B. 用户　　　　　C. 管理工具　　　　D. Internet
46. 在"画图"程序中,无法进行的操作是_____。
    A. 图形扭曲　　　B. 图形翻转　　　C. 图形反色　　　D. 色彩平衡
47. 在"文件夹选项"中不能设置的是_____。
    A. 设置打开项目的方式　　　　　　　　B. 设置文件夹是否允许带扩展名
    C. 设置是否启用"脱机文件"　　　　　D. 新建或删除注册文件类型
48. 通过"开始"菜单执行的搜索命令,不可以搜索_____。
    A. 文件名模糊的文件　　　　　　　　　B. 局域网上的计算机
    C. 当前安装的硬件设备　　　　　　　　D. 正在使用计算机的用户

49. 在"画图"程序中，画布大小可以采用的尺寸单位不能是_____。
    A. 英寸　　　　　B. 像素　　　　　C. 磅值　　　　　D. 厘米
50. 通过控制面板的"打印机"组件，不能进行的设置是_____。
    A. 添加多个打印机　　　　　　　　B. 更换默认打印机的驱动程序
    C. 取消正在等待的打印　　　　　　D. 设置新的默认打印机
51. 在本地计算机上搜索文件时，不能使用的搜索方式是_____。
    A. 按文件类型搜索　　　　　　　　B. 按文件大小搜索
    C. 按最近的修改日期搜索　　　　　D. 按文件的使用频率搜索
52. 在菜单栏中，前面含有"●"标记的菜单项是_____。
    A. 含有下级级联菜单　　　　　　　B. 可以打开一个对话框
    C. 在多个单选菜单项中被选中的菜单项　D. 一个被选中的复选菜单项
53. 安装 Windows 7 后，系统内置的用户账户是_____。
    A. Users　　　　　B. NoUser　　　　C. Guest　　　　D. NoGeust
54. 媒体播放器无法进行的播放控制是_____。
    A. 循环播放　　　B. 音量控制　　　C. 播放起点设置　　D. 播放终点设置
55. 若打印机被设置为"默认打印机"，则打印机图标左上角有一个_____标志。
    A. "√"　　　　　B. "●"　　　　　C. "▲"　　　　　D. "■"
56. 从文件"属性"对话框中不能了解到的信息是_____。
    A. 文件的大小　　　　　　　　　　B. 文件的最近一次修改的日期
    C. 文件占用硬盘空间的百分比　　　　D. 文件是否是只读文件
57. 不接受用户操作的控件是_____。
    A. 标签　　　　　B. 组合框　　　　C. 编辑框　　　　D. 列表框
58. 在"登录到 Windows"对话框中_____。
    A. 用户密码的长度不能超过 10 个字符　B. 必须由系统管理员完成登录过程
    C. 由用户输入用户账号和密码　　　　D. 只需要用户输入密码
59. 不能为之建立快捷方式的是_____。
    A. 文件　　　　　B. 打印机　　　　C. 文件夹　　　　D. 剪贴板
60. 下列说法不正确的是_____。
    A. 添加新程序可以通过程序自带的安装程序进行
    B. 添加新程序可以通过 Windows 7 提供的"添加/删除程序"完成
    C. 所有应用程序可以通过复制来添加
    D. 添加新程序的同时还可能生成一个卸载命令

二、多项选择题

1. 下列字符中，Windows 长文件名不能使用的字符有_____。
   A. <　　　　　　B. ?　　　　　　C. :　　　　　　D. ;
2. 在 Windows 中做复制操作时，第一步首先应_____。
   A. 光标定位　　　　　　　　　　　B. 选定复制对象
   C. 按 Ctrl+C　　　　　　　　　　　D. 按 Ctrl+V
3. 在 Windows 中，通过"资源管理器"能浏览计算机上的_____等对象。

A. 文件 B. 文件夹
C. 打印机文件夹 D. 控制面板
4. 英文录入时大小写切换键是_____，还可在按_____的同时按字母来改变大小写。
   A. Tab B. Caps lock C. Ctrl
   D. Shift E. Alt
5. 在"关闭系统"对话框中，有哪几种选择_____。
   A. 关闭计算机 B. 重新启动计算机
   C. 关闭程序窗口 D. 重新启动计算机并切换到 MS-DOS 方式
6. 在 Windows 的查找操作中_____。
   A. 可以按文件类型进行查找
   B. 不能使用通配符
   C. 如果查找失败，可直接在输入新内容后单击"开始查找"按钮
   D. "查找结果"列表框中可直接进行拷贝或进行删除操作
7. 在 Windows 中，能够关闭一个程序窗口的操作有_____。
   A. 按 Alt+F4 键 B. 双击菜单栏
   C. 选择"文件"菜单中的"关闭"命令 D. 单击菜单栏右端的"关闭"按钮
8. 微软公司推出的操作系统有_____。
   A. Windows 95 B. Windows NT C. Windows XP D. Windows 7
9. 操作系统的主要特性有_____。
   A. 并发性 B. 共享性 C. 异步性 D. 虚拟性
10. Windows 7 发行了多个版本，目前流行最广的是_____。
    A. 家庭版（Home） B. 专业版（Professional）
    C. 媒体中心版（Media Center Edition） D. 平板电脑版（Tablet PC Edition）
11. Windows 7 操作系统的主要特性包括_____。
    A. 全新的可视化设计
    B. 播放丰富的媒体
    C. 用户可借助加密文件系统（EFS）对自己的重要文件进行加密
    D. 强大的系统还原性和兼容性
12. Windows 7 的最低系统要求包括_____。
    A. 至少需要 233MHz（单个或双处理器系统）
    B. 64M RAM 或更高
    C. Super VGA（800×600）或分辨率更高的视频适配器
    D. 1.5GB 可用硬盘空间
13. Windows 7 窗口标题栏右边有三个按钮，下列哪些按钮组合可以出现_____。
    A. 最大化、最小化、关闭 B. 向下还原、最小化、关闭
    C. 最大化、向下还原、关闭 D. 最小化、向下还原、最大化
14. 排列桌面上的图标时，可以选择按_____排列方式来排列。
    A. 名称 B. 类型 C. 大小 D. 修改时间
15. 利用"显示属性"对话框可以_____。
    A. 更改桌面的背景 B. 设置屏幕保护程序

C. 决定是否在桌面上显示某个网页　　　D. 设置屏幕颜色质量

16. 下列方法可以打开"任务栏和'开始'菜单属性"对话框的是_____。
    A. 打开"开始"菜单,指向"设置",单击"任务栏和'开始'菜单"
    B. 打开"开始"菜单,指向"设置",单击"控制面板"中的"任务栏和'开始'菜单"
    C. 双击任务栏即可打开
    D. 右击任务栏空白处,选择快捷菜单中的"属性"

17. 下列关于快捷方式的说法正确的是_____。
    A. 在桌面上可以放置快捷方式　　　B. 在文件夹中可以创建快捷方式
    C. 在"开始"菜单中可以添加快捷方式　D. 快捷方式没有属性

18. 计算机的文件夹中可以包含_____。
    A. 文件夹　　　B. 文件　　　C. 打印机　　　D. 计算机

19. 在 Windows 7 中,打开资源管理器的方法有_____。
    A. 右击"开始"按钮,在快捷菜单中单击"资源管理器"
    B. 右击"计算机",在快捷菜单中单击"资源管理器"
    C. 单击"开始"按钮,选择"程序",单击"附件"中的"Windows 资源管理器"
    D. 右击任意一个文件,单击快捷菜单中的"资源管理器"

20. 如果要选定某个文件夹中的所有文件或文件夹,下列_____操作可以完成。
    A. Ctrl+A
    B. Ctrl+C
    C. 单击第一个,按住 Ctrl 键单击最后一个
    D. 单击"编辑"菜单,然后单击"全选"

21. 对文件重命名可以采用下列_____方法。
    A. 双击文件,输入新的文件名
    B. 右击文件,单击快捷菜单中的"重命名"
    C. 单击选定文件,再单击文件名,输入新的文件名
    D. 单击选定文件,单击窗口中菜单栏的"文件"项,单击"重命名"

22. Windows 7 中文版有自带的输入法,它们是_____。
    A. 微软拼音输入法　　　　　　B. 微软拼音 ABC
    C. 紫光拼音输入法　　　　　　D. 郑码输入法

23. 在 Windows 7 的控制面板中,可以进行_____。
    A. 区域设置　　　　　　　　　B. 系统的语言设置
    C. 日期和时间的设置　　　　　D. 鼠标和键盘设置

24. 在 Windows 7 的"鼠标属性"对话框中,可以_____。
    A. 设置左、右手习惯　　　　　B. 设置双击的速度
    C. 设置光标闪烁的频率　　　　D. 设置鼠标指针方案

25. 对于非绿色软件的卸载,可以采用_____。
    A. 程序自带的卸载程序　　　　B. "控制面板"中的"添加或删除程序"
    C. "控制面板"中的"添加硬件"　D. 直接删除安装的文件

26. 在安装 Windows 7 系统时,自动创建的账户是_____。
    A. Userl　　　B. Guest　　　C. User　　　D. Administrator

27. 对磁盘的管理主要包括_____。
    A. 磁盘的格式化   B. 磁盘的清理
    C. 磁盘的碎片管理   D. 磁盘的保存
28. 在"计算机"中，右击某一逻辑盘，选择"属性"会打开其属性对话框，在对话框的"常规"选择卡中，可以_____。
    A. 设置卷标   B. 清理磁盘   C. 查看可用空间   D. 修改文件系统
29. 在进行磁盘碎片整理前，一般要执行的工作是_____。
    A. 对磁盘进行快速格式化
    B. 检查并修复硬盘中的错误
    C. 把硬盘中的垃圾文件和垃圾信息清理干净
    D. 重新启动计算机
30. 关于磁盘整理，下列说法正确的是_____。
    A. 碎片整理过程非常快
    B. 整理磁盘碎片的时候，最好关闭其他所有的应用程序
    C. 整理磁盘碎片的时候，不要对磁盘进行读写操作
    D. 整理磁盘碎片的频率要适度，否则影响磁盘寿命
31. 在"画图"窗口的工具箱中，提供了_____工具。
    A. "放大镜"工具   B. "铅笔"工具   C. "喷枪"工具   D. "三角形"工具
32. 在图片的绘制过程中，可以进行多种特殊处理，包括_____。
    A. 翻转/旋转   B. 不透明处理   C. 拉伸/扭曲   D. 反色
33. Windows 7 自带的文字处理程序包括_____。
    A. 记事本   B. Word   C. 写字板   D. Office
34. 可以关闭（或提示关闭）当前正在编辑的"记事本"文档的操作包括_____。
    A. 在"文件"菜单中单击"新建"   B. 在"文件"菜单中单击"打开"
    C. 在"文件"菜单中单击"保存"   D. 在"文件"菜单中单击"退出"
35. 如果要使计算机能够播放音频文件（有声音），下列部件中_____是必须的。
    A. CD-ROM 驱动器   B. 声卡   C. 音箱   D. 麦克风
36. 操作系统的主要特性包括_____。
    A. 并发性   B. 安全性   C. 异步性   D. 共享性
37. 操作系统的基本功能包括_____。
    A. 文件管理   B. 设备管理   C. 处理机管理   D. 用户接口
38. 下列软件是操作系统的有_____。
    A. DOS   B. Mac OS   C. Office   D. Windows 7
39. Windows 7 的新特性包括_____。
    A. 全新的可视化设计   B. 播放丰富的媒体
    C. 强大的系统还原性和兼容性   D. 减小了体积
40. 下列描述错误的是_____。
    A. 开机后，可以先运行 Word，再运行操作系统
    B. MS-DOS 具有字符型用户界面，用户使用起来更方便
    C. Windows 7 是继 Windows 2003 之后普通使用的操作系统

D. Unix 操作系统是一个通用的、交互式分时操作系统

41. 关于文件操作，下列描述不正确的是_____。
   A. 可移动磁盘上删除的文件，在"回收站"找不到
   B. 所有文件都具有"存档"属性
   C. 文件被设置成"只读"属性后，就不能被删除了
   D. 文件不可以被剪切到剪贴板，只能复制到剪贴板

42. 关于删除文件，下列描述正确的是_____。
   A. 可以通过剪贴板实现
   B. 按住 Shift 键删除，文件将直接删除
   C. 在回收站中被删除的文件，可以通过还原将文件恢复
   D. 计算机重启后，回收站中的文件将不再存在

43. 关于磁盘的格式化，下列描述不正确的是_____。
   A. 磁盘的格式化主要有快速格式化、完全格式化和部分格式化
   B. 磁盘格式化后，磁盘上的原有文件将不再存在
   C. 快速格式化相当于"完全删除"，即将磁盘上的所有文件删除
   D. 完全格式化和快速格式化功能完全相同，只是快速格式化的速度更快些

44. 关于通配符，下列描述不正确的是_____。
   A. 通配符有三个，即*、! 和?   B. A*.*和 A?.?功能完全相同
   C. 磁盘的盘符也可以使用通配符来表示   D. 一次只能使用一个通配符

45. 关于窗口，下列说法正确的是_____。
   A. 双击标题栏相当于单击窗口右上角的最大化/向下还原按钮
   B. 标题栏为蓝色高亮显示，表示该窗口为活动窗口
   C. 标题栏未高亮显示的窗口，相应的应用程序停止运行
   D. 窗口可以改变大小和位置

46. 使用 Windows 7 的控制面板，可以管理_____。
   A. 系统硬件   B. 显示器   C. 声卡   D. 打印机

47. Windows 7 的安全设置主要包括_____。
   A. 密码策略   B. 本地策略   C. 公钥策略   D. IP 安全策略

48. Windows 7 中，用户账户建立后，还可以_____。
   A. 删除该账户   B. 禁用该账户   C. 修改账户属性   D. 修改账户密码

49. Windows 7 的录音机，可以 _____。
   A. 录音   B. 将一个声音文件插入到另一个声音文件中
   C. 添加回声   D. 编辑声音文件

50. 关于快捷方式，下列描述正确的有_____。
   A. 可为程序建立快捷方式   B. 可为文件夹建立快捷方式
   C. 可为磁盘驱动器建立快捷方式   D. 快捷方式只能放在特定位置上

51. 关于文件夹的描述，正确的是_____。
   A. MS-DOS 中，把文件夹称为目录
   B. 磁盘上的文件夹结构是树状结构
   C. 压缩文件解压后，不会出现文件夹

D. 文件夹的图标是固定不变的，不可以更改
52. 在 Windows 7 中，能运行一个应用程序的操作是_____。
   A. 用"开始"菜单中的"运行"命令
   B. 双击应用程序的快捷方式
   C. 单击应用程序的快捷方式
   D. 右击应用程序的文件，在快捷菜单中选择"打开"命令

三、判断题
1. 存储管理的主要功能包括：存储分配、存储共享、存储保护和存储扩充。
2. 操作系统是计算机中最重要的系统软件，它是用户和计算机硬件之间的桥梁。
3. Windows 的窗口不论在外观、风格还是在操作方式上都高度统一。
4. 非活动窗口不接受键盘和鼠标输入，但相应的应用程序仍运行，称为后台运行。
5. Windows 是一个多任务操作系统，允许多个程序同时运行，活动窗口可有多个。
6. 一个菜单项目呈灰色时，表示此菜单项目没有设置功能。
7. 文档视图是 Windows 7 的应用程序主窗口的一个子窗口。
8. 不管用户区域显示的文档的高度和宽度怎样，水平、垂直滚动条一定出现。
9. 控件是一种具有标准的外观和标准操作方法的对象，它不能单独存在，只能存在于某个窗口中。
10. Windows 7 桌面上的图标全部是快捷方式。
11. 快捷方式就是一个扩展名为.lnk 的文件，一般与一个应用程序或文档关联。
12. 在 Windows 7 桌面上排列图标时，如果选择了"自动排列"，"自动排列"文字前将出现一个"√"标记，此时，就不能将桌面上的图标随意移动位置了。
13. 任务栏的位置可以改变，但高度不可以改变。
14. 文件的扩展名用于区分文件的类型，因此扩展名又叫类型名。
15. 使用资源管理器可以实现"计算机"所能实现的所有功能。
16. 资源管理器中，某一时刻只会有一个节点处于打开状态。
17. 按下 Ctrl 键不放时，单击被选定的文件或文件夹，则此文件或文件夹将取消选定。
18. 在用户区的任意空白区单击鼠标，被选定的文件或文件夹仍然被选定。
19. 回收站就是 Windows 建立的一个特殊的文件夹。
20. Windows 一次可以为多个文件或文件夹重命名。
21. 搜索文件时，输入文件名进行搜索，其搜索结果中不会出现相同的文件名。
22. Windows 7 系统中有一个自带的压缩工具，可以将文件压缩成 ZIP 格式。
23. WinRAR 完全支持市面上最通用的 RAR 及 ZIP 压缩格式，并且可以解开 ARJ、CAB、LZH、TGZ 等压缩格式。
24. Windows 7 支持不同国家和地区的多种自然语言，但是在安装时，只安装默认的语言系统。
25. 区域设置不会影响日期、时间、货币和数字的显示方式。
26. 五笔字型输入法、自然码输入法等因为不是 Windows 7 自带的，所以需要通过相应的安装程序来添加。
27. 默认打印机的图标排在其他打印机的左边，没有其他标志。

28. 只有以管理员或管理员组成员身份登录计算机才能打开"计算机管理"控制台。
29. 来宾账户可以登录到计算机并以较少的权限使用计算机，来宾账户没有密码。
30. Users 组的成员可以共享目录和创建本地打印机。
31. 用户的权限可以累积，将用户指派给多个组，他就享有多个组的权限。
32. 正在打印的打印作业不能人工取消，只能等待打印完自动取消。
33. 从未格式化过的磁盘，也可以进行快速格式化。
34. 进行磁盘格式化时，对话框中的"卷标"不能为空。
35. 磁盘格式化完成后，磁盘的卷标就不可以更改了。
36. "颜料盒"显示在"画图"窗口的下部，利用颜料盒可以改变前景色和背景色。
37. "写字板"可以创建和编辑带格式的文件，"记事本"只是一个文本文件编辑器。
38. "记事本"是一个典型的单文档应用程序，在同一时间只能编辑一个文档。
39. 科学型计算器不能进行十六进制、十进制、八进制或二进制数据的相互转换。
40. Windows 7 的"录音机"功能，可以在声音文件中插入另一个声音文件。
41. 图标是一个小图像，它们的形状各异，但其代表的含义都完全相同。
42. 无论用户打开的是什么窗口，滚动条肯定出现。
43. 重命名文件时，如果没有其扩展名，则只能修改主文件名。
44. 文件或文件夹的移动可以通过剪贴板进行。
45. 文件或文件夹属性中的"只读"属性表示"锁定"，即拒绝任何用户访问。
46. 启动计算机时，打开系统电源，计算机将不对主要硬件设备进行检测，而直接进入操作系统。
47. 剪贴板中只能存放文字，不能存放图像。
48. Windows 7 的记事本和写字板都不能插入图像。
49. Windows 7 的记事本，缺省的文件的扩展名是.doc。
50. Windows 7 中，一个文件只能由一种程序打开。

第3章 Word 文字处理

3.1 Word 2010 文档编辑基础

实验目的
- 掌握 Word 2010 的启动、退出
- 掌握 Word 文档的新建、打开、保存和关闭
- 熟练掌握 Word 文档内容的输入、编辑
- 掌握 Word 文档内容的查找和替换

3.1.1 Word 文档基本操作

1. 任务要求

（1）启动 Microsoft Office Word 2010，选择合适的输入法，录入指定文字内容。
（2）选择以"张晓文"开始的段，把该段复制到第 1 段后。
（3）移动第 13~16 的四个段到第 2 段后。
（4）删除 "北京文汇文化传播有限公司"，然后撤销删除操作。
（5）以"推荐信.docx"为文件名将文档保存到"D:\我的姓名"文件夹下，保存后关闭文档。

2. 实验素材

实验素材文件"实验素材\ch2\ex_1\推荐信.txt"。

3. 操作步骤

（1）启动 Microsoft Word 2010，选择合适的输入法，输入指定文字内容。

单击"开始"按钮打开"开始"菜单，在"所有程序"中选择"Microsoft Office"，然后选择"Microsoft Word 2010"菜单项，启动 Word 2010。

在任务栏上，选择一种合适的输入法，录入"推荐信.txt"文件中的内容。

（2）使用"剪贴板"把以"张晓文"开始的段复制到第 1 段后。

将鼠标指针移至以"张晓文"开始的段的页左选定栏处，指针形状变为 ，在页左选定栏处双击选定整个段落，或者将插入点移至该段段首处，按下鼠标左键不放，拖动鼠标选定整个段落（包括段落符号）；

按 Ctrl+C 组合键或者单击"剪贴板"选项组上的"复制"按钮，将选定的内容复制到剪贴板；将插入点移至第 2 段段首处，按 Ctrl+V 组合键或单击 "剪贴板"选项组上的"粘贴"按钮，将剪贴板中的内容粘贴到插入点位置。

（3）使用拖动方式，移动第 13~16 的四个段到第 2 段后。

将鼠标指针移至第 13 段的页左选定栏处，按下鼠标左键不放，向下拖动选定第 13~16 四段内容，释放鼠标按键；将鼠标指针移至选定内容区域中，按下鼠标左键不放，拖动选定的内容，鼠标指针形状变为 ，拖动鼠标使 移至"尊敬的李勇明先生"前，释放鼠标按键。

（4）删除第 4 段中的"北京文汇文化传播有限公司"内容，并撤销删除操作。

将插入点移至第 8 段的"北京文汇文化传播有限公司"前，按下鼠标左键不放，向后拖动选定"北京文汇文化传播有限公司"；在选定区域内右击鼠标，在打开的快捷菜单中单击"删除"命令，或者按键盘上的"Delete"键删除选定的内容。

单击"快速访问工具栏"上的"撤销"按钮，或者按"Ctrl+Z"组合键，撤销最近删除的内容。对于已撤销的操作，可以单击"快速访问工具栏"上的"恢复"按钮，或者按"Ctrl+Y"组合键恢复最后被撤销的操作。

（5）保存文档到指定桌面。

单击"快速访问工具栏"中的"保存"按钮，或者单击"文件"菜单中的"保存"命令，打开"另存为"对话框；在对话框中设置"保存位置"为"D:\我的姓名"，在"文件名"文本框中输入"推荐信.docx"，在"保存类型"下拉列表框中选择"Word 文档（*.docx）"，如图 3-1 所示；单击"保存"按钮关闭对话框。

4．实验结果

推荐信

张晓文

010-62663625

13506583278

zhangxw@163.com

北京市海淀区中关村大街 59 号 100872

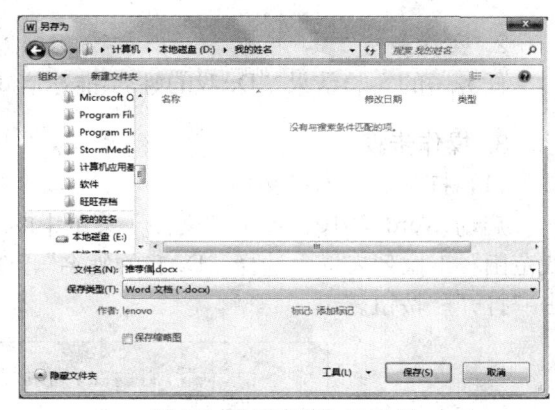

图 3-1 "另存为"对话框

尊敬的李勇明先生：

您好！许宗飞先生建议我就贵公司北京文汇文化传播有限公司空缺的市场调研经理一职与您联系。我在市场调研领域的工作经历如下：

2000.6 至 2001.7： 北京新众传媒有限公司，市场调研员；

2001.8 至 2006.8： 北京新思广告有限公司，市场调研经理；

2006.8 至 2009.5： 北京西博文化传播有限公司，市场调研经理；

我在市场调研有超过 8 年的工作经验，由于一贯工作勤奋，多次得到上级的嘉奖，这些曾取得的成绩是我认真的工作态度、出色的市场调研的专业技能，以及良好的沟通和管理能力的体现。以上内容都在所附简历中进行了详细说明。如果您对此有任何疑问，我可以提供具体的证明材料。

希望能获准参加应聘该职位的面试。

此致

敬礼！

张晓文

2009 年 6 月 30 日

3.1.2 文档的格式设置

1．任务要求

（1）打开上一节中保存的"D:\我的姓名\推荐信.docx"文档。

(2) 为文中以"推荐信"开始的段设置格式，字符格式为"黑体，加粗，二号，蓝色，字符间距加宽 6 磅"，段落格式为"居中，段前 1 行，段后 1 行，单倍行距"。

(3) 为文中第 2~6 段设置格式，字符格式为"宋体，小五号，斜体"，段落格式为"右对齐，单倍行距"。

(4) 为文中第 7~13 段设置格式，字符格式为"宋体，五号"，段落格式为"首行缩进 2 字符，单倍行距，段前、段后各 0.5 行"。

(5) 为文中第 9~11 段添加项目符号"●"。

(6) 为文中第 14~15 段设置格式，段落格式为"左对齐，无特殊格式，单倍行距，段前、段后间距各 1 行"；为第 15 段设置"左缩进 20 字符"。

(7) 为文中第 16~17 段设置对齐方式为"右对齐"。

2. 实验素材

任务一的实验结果"D:\我的姓名\推荐信.docx"文档。

3. 操作步骤

(1) 打开实验素材文档。

启动 Word 2010，单击"文件"菜单中的"打开"命令，在"打开"对话框中，在"查找范围"下拉列表框中选择"D:\我的姓名"，选定其下的"推荐信.docx"，如图 3-2 所示；单击"打开"按钮。

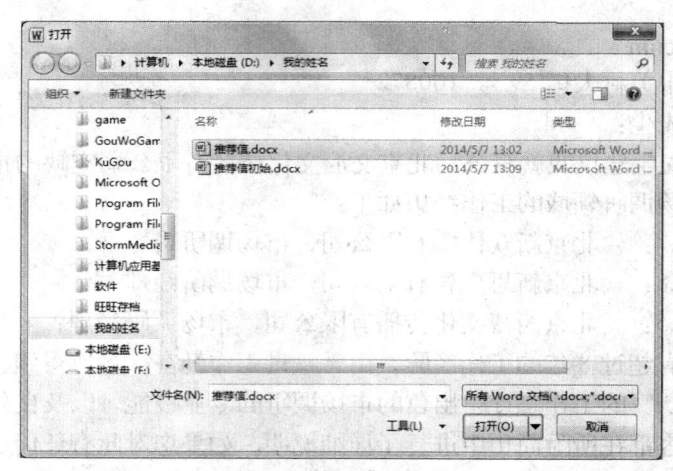

图 3-2 "打开"对话框

(2) 使用对话框设置格式。

将鼠标指针移至文中以"推荐信"开始的段的左侧，双击选定该段；单击"字体"选项组中"选项"按钮，打开"字体"对话框。

在"字体"选项卡中选择"中文字体"下拉列表框为黑体、选择"字形"为加粗、选择"字号"为二号、选择"字体颜色"为蓝色，如图 3-3 所示；在"高级"选项卡中选择"间距"为加宽、输入"磅值"为 6 磅，如图 3-4 所示；单击"确定"按钮。

单击"段落"选项组中的"选项"按钮，打开"段落"对话框；在"缩进和间距"选项卡中选择"对齐方式"下拉列表框为居中，设置"段前、段后间距"各为 1 行，在"行距"下拉列表框中选择"单倍行距"，如图 3-5 所示；单击"确定"按钮。

图 3-3 "字体"对话框　　　　图 3-4 "高级"选项卡　　　　图 3-5 "段落"对话框

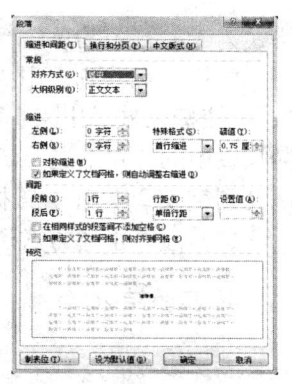

（3）使用"字体"选项组设置格式。

将插入点移至第 2 段前，按住 Shift 键不放，在第 6 段末尾处单击，选定第 2~6 行；在"字体"选项组的"字体"下拉列表中，选择"宋体"，在"字号"下拉列表框中，选择"小五"，单击"斜体"字形按钮 *I* ，单击"右对齐"按钮 ≡。然后在"段落"选项组中单击行距按钮 ‡≡ ，在弹出的菜单中选择 1.0，如图 3-6 所示。

图 3-6 字体与段落设置

（4）使用格式刷快速格式化文本。

将鼠标指针移至第 7 段的左侧，双击选定该段，打开"字体"选项组中的"字体"下拉列表，设置"中文字体"为宋体，设置"字号"为五号。

单击"段落"选项组中的"选项"按钮，打开"段落"对话框，在"缩进与间距"选项卡中选择"特殊格式"下拉列表框为"首行缩进"、设置度量值为 0.75 厘米、设置"段前、段后间距"各为"0.5 行"、设置"行距"为单倍行距；单击"确定"按钮。

双击"剪贴板"选项组中的"格式刷"按钮，将第 7 段的格式复制到格式刷，鼠标指针变为 ₄I ；在第 12 段的左处按下鼠标左键不放，向下拖动鼠标选择第 12~13 段，将格式刷中的格式添加到第 12~13 段；然后单击"格式刷"按钮，或者按 Esc 键取消格式刷的使用。

（5）使用项目符号和编号。

将鼠标指针移至文中第 9 段的页左选定栏处，按下鼠标左键不放，向下拖动鼠标选择文中第 9~11 段；单击"段落"选项组中的"选项"按钮，打开"段落"对话框；在"缩进与间距"选项卡中设置"段前、段后间距"各为 0 行，单击"确定"按钮。

单击"段落"选项组中"项目符号"按钮旁边的三角按钮，打开"项目符号"下拉列表，选择"●"符号，如图 3-7 所示。

（6）使用标尺调整缩进。

选定第 14~15 段，单击"段落"选项组中的"选项"按钮，打开"段落"对话框，设置对齐方式为左对齐、特殊

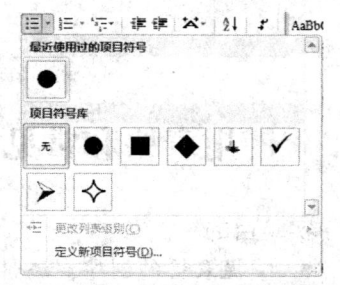

图 3-7 "项目符号和编号"对话框

格式为无、行距为单倍行距，设置段前、段后间距各为 1 行。

将插入点移到文中"敬礼"内容前，打开"视图"选项卡，在"显示"选项组中勾选"标尺"，使标尺显示出来；移动鼠标指针指向"水平标尺"中的"左缩进"游标 □，按下鼠标键不放，拖动到刻度 20，释放鼠标键，如图 3-8 所示。

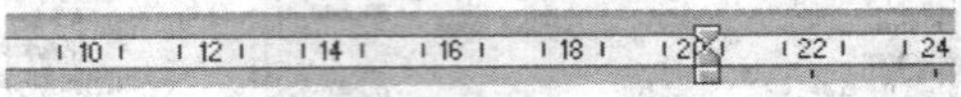

图 3-8 利用水平标尺调整缩进

(7) 通过上述方式选定第 16~17 段，单击"格式"工具栏上的"右对齐"按钮。

4. 实验结果

推 荐 信

张晓文
010-62663625
13506583278
zhangxw@163.com
北京市海淀区中关村大街 59 号 100872

尊敬的李勇明先生：

您好！许宗飞先生建议我就贵公司北京文汇文化传播有限公司空缺的市场调研经理一职与您联系。我在市场调研领域的工作经历如下：

- 2000.6 至 2001.7：　　北京新众传媒有限公司，市场调研员；
- 2001.8 至 2006.8：　　北京新思广告有限公司，市场调研经理；
- 2006.8 至 2009.5：　　北京西博文化传播有限公司，市场调研经理；

我在市场调研有超过 8 年的工作经验，由于一贯工作勤奋，多次得到上级的嘉奖，这些曾取得的成绩是我认真的工作态度、出色的市场调研的专业技能，以及良好的沟通和管理能力的体现。以上内容都在所附简历中进行了详细说明。如果您对此有任何疑问，我可以提供具体的证明材料。

希望能获准参加应聘该职位的面试。

此致

敬礼！

张晓文
2009 年 6 月 30 日

3.2　使用表格和常见对象

实验目的
- 掌握表格的创建、编辑、格式化

- 掌握常见图形与图像对象的插入、编辑和格式化
- 熟练掌握图文混排格式的设定

3.2.1 创建和编辑表格

1. 任务要求

（1）在打开 Word 文档中创建一个 7 行 7 列的表格。
（2）输入和编辑表格内容。
（3）插入行和列，合并和拆分单元格。
（4）设置行高和列宽。
（5）设置边框和底纹。
（6）将文档保存到"D:\我的姓名\个人简历.docx"。

2. 操作步骤

（1）启动 Word 2010，在文档中插入新建表格。

启动 Word 2010，在默认新建的文档中操作；打开"插入"选项卡，在"表格"选项组中单击"表格"按钮，打开"插入表格"下拉菜单；设置"行数"和"列数"都为 7，如图 3-9 所示，在插入点处插入表格。

图 3-9 "插入表格"下拉菜单

（2）输入和编辑表格中的内容。

在表格的左上角第一个单元格内单击，将把插入点移到单元格内起始处，按回车键，在表格上方插入一个空行，输入表格标题"个人简历"；然后按如下所示，依次在各单元格中输入相应内容。

个人简历

个人信息	姓名		性别		民族	
	出生年月		籍贯			
	毕业院校				毕业时间	
	所学专业				学位	
	联系电话				电子邮箱	
教育背景						
工作经历						

（3）插入行和列，合并和拆分单元格。

将鼠标指针指向表格最右列顶部边线处，指针形状变为↓，单击选定整列，然后打开"表格工具">"布局"选项卡，在"行和列"选项组中单击"在右侧插入"按钮，插入新列；在新列的第一个单元格内，输入"照片"。

选定"个人信息"单元格及其下 4 个空单元格，在选定区域内右击打开快捷菜单，单击"合并单元格"命令；选定"教育背景"单元格右侧的 7 个空单元格，在"布局"选项卡中单击"合并"选项组中的"合并单元格"按钮；使用上述方法合并其他相应单元格。

将鼠标指针移至"工作经历"单元格内左侧，指针形状变为↗，单击选中该单元格，单击"合并"选项组中的"拆分单元格"按钮，打开"拆分单元格"对话框，设置行数为 2，

列数为 1，如图 3-10 所示；单击"确定"按钮；在"工作经历"下的单元格中输入"拟聘职位"；按照上述方式将右边单元格上下拆分成两个单元格。

将鼠标指针移指向第 1 列顶部边线处，单击选定第 1 列；在选定区域内右击打开快捷菜单，单击"单元格对齐方式"子菜单中的"水平居中"命令 ≡；打开"布局"选项卡，单击"对齐方式"选项组中的"更改文字方向"按钮，将内容设为竖排方式；以同样的方式设置"照片"单元格内容为竖排方式。

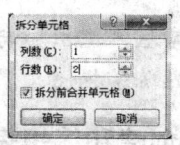

图 3-10 "拆分单元格"对话框

(4) 设置行高和列宽。

将鼠标指针移指向第 1 列顶部边线处，单击选定第 1 列；右击表格区域，在弹出的快捷菜单中选择"表格属性"命令，打开"表格属性"对话框；在"列"选项卡中，单击选中"指定宽度"复选框，并在其后文本框中输入"1 厘米"，如图 3-11 所示；单击"确定"按钮。

图 3-11 "列"选项卡

将鼠标指针指向"教育背景"单元格，按下鼠标左键不放，向下拖动鼠标，选定"教育背景"和"工作经历"两个单元格，在选定区域中右击打开快捷菜单，单击快捷菜单中的"表格属性"命令，打开"表格属性"对话框；在"行"选项卡中，单击选中"指定高度"复选框，并在其后文本框中输入"2.5 厘米"，如图 3-12 所示；单击"确定"按钮。完成后的表格效果如下所示。

图 3-12 "行"选项卡

个人简历

个人信息	姓名		性别		民族	
	出生年月		籍贯			照片
	毕业院校			毕业时间		
	所学专业			学位		
	联系电话			电子邮箱		
教育背景						
工作经历						
拟聘职位						

(5) 设置边框和底纹。

将插入点移至表格内，打开"设计"选项卡，单击"绘图边框"选项组中的"选项"按

50

钮，打开"边框和底纹"对话框；在"边框"选项卡中，将"设置"选择为"虚框"，在"线型"下拉列表中选择"实线"，在"宽度"下拉列表框中选择"3 磅"，在"应用于"下拉列表框中选择"表格"，在"预览"区中可以看到预览效果，如图 3-13 所示；单击"确定"按钮为表格设置边框。

在表格中选中需要添加底纹的单元格，在选中区域中右击，在快捷菜单中单击"边框和底纹"命令，打开"边框和底纹"对话框；在"底纹"选项卡中，在"填充"中选择"深色-15%"，将"应用于"下拉列表框设置为"单元格"，如图 3-14 所示；单击"确定"按钮。按上述方式，为其他相应单元格设置相同的底纹。

图 3-13 "边框"选项卡　　　　　　图 3-14 "底纹"选项卡

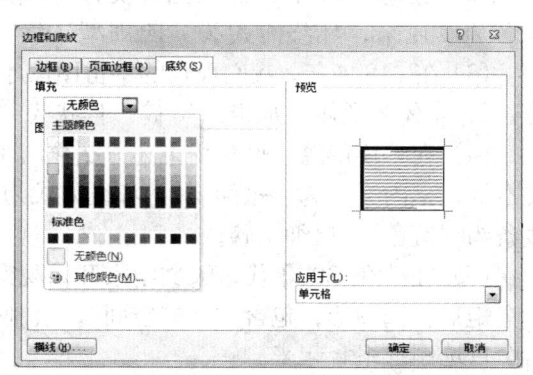

最终结果如下所示。

个人简历

	姓名		性别		民族		照片
个人信息	出生年月		籍贯				
	毕业院校				毕业时间		
	所学专业				学位		
	联系电话				电子邮箱		
教育背景							
工作经历							
拟聘职位							

(6) 保存文档。

单击"文件"菜单中"保存"命令，打开"保存"对话框；以"个人简历.docx"为文件名将文档保存到"D:\我的姓名"。

3.2.2 使用图形和图文混排

1. 任务要求

(1) 打开实验素材文件"实验素材\ch2\ex_2\我们的宇宙.docx"。

(2) 在第 1 段中，插入图片文件"实验素材\ch2\ex_2\universe.jpg"，设置高度、宽度各为 3 厘米，环绕方式为"四周型环绕"。

(3) 在"1924 年，我们现代的宇宙图像才被奠定"开始的段中，插入艺术字，内容为"银河系"，字体为黑体、加粗、36 磅，形状为"正三角"，环绕方式为"紧密型环绕"。

(4) 在"埃得温·哈勃用上述方法算出了九个不同星系的距离"开始的段中，插入一个文本框，框内文字为"银河系"，环绕方式为"四周型"，填充为"淡蓝"、透明度为 50%，线条为"蓝色"、粗细 1 磅。

(5) 在"在 20 年代，天文学家开始观察其他星系中的恒星光谱时"开始的段后，绘制一个矩形自选图形，包含文字"空间"，绘制一个圆形自选图形，包含文字"时间"，然后把两个自选图形组合起来。

(6) 在文档末尾，插入和编辑数学公式 $\int_{1}^{\infty}\frac{1}{x^{2}}dx$。

2. 实验素材

实验素材\ch2\ex_2\我们的宇宙.docx。

3. 操作步骤

(1) 打开实验素材文档。

启动 Word 2010，单击"文件"菜单中的"打开"命令，在"打开"对话框中选择"我们的宇宙.docx"，单击"打开"按钮。

(2) 插入图片和设置格式。

将插入点移至第 1 段内，单击"插入"菜单中"图片"子菜单下的"来自文件"命令，打开"插入图片"对话框，选择"universe.jpg"，如图 3-15 所示；单击"插入"按钮。

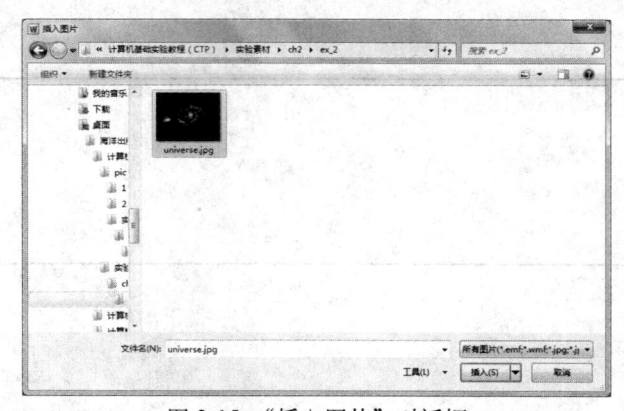

图 3-15 "插入图片"对话框

选择插入的图片对象，打开"格式"选项卡；在"大小"选项组中单击"选项"按钮，取消"锁定纵横比"复选框，在"高度"文本框和"宽度"文本框中分别输入"3厘米"，在"文字环绕"选项卡中，选择环绕方式为"四周型"，单击"确定"按钮，如图3-16所示。

单击该图片对象，在"排列"选项组中单击"对齐"按钮，在弹出的菜单中选择"左右居中"。

（3）插入艺术字并设置格式。

将插入点移至"1924年，我们现代的宇宙图像才被奠定"开始的段中，在"插入"选项卡"文本"选项组中单击"艺术字"按钮，在打开的艺术字列表中选择一种艺术字样式，如图3-17所示。

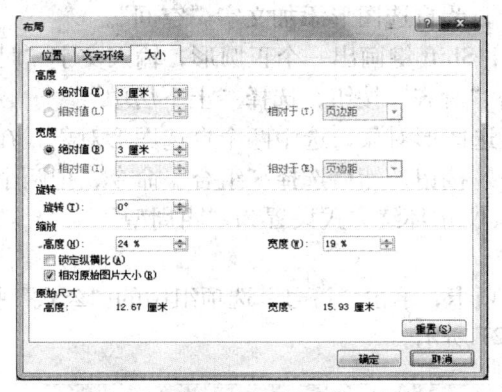

图3-16 "设置图片格式"对话框　　　　图3-17 艺术字列表

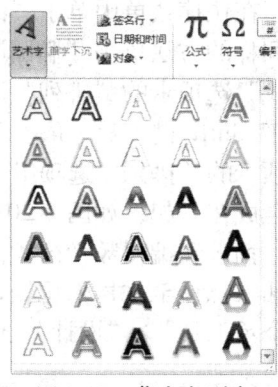

输入文字"银河系"，在"开始"选项卡，设置"字体"为"黑体"，设置"字号"为36、单击选中"加粗"按钮。然后单击"段落"选项组中的"选项"按钮，将"特殊格式"设置成"无"，如图3-18所示。

单击选中艺术字对象，在"格式"选项卡的"排列"选项组中，单击"位置"按钮，选择"其他布局选项"命令，然后在"文字环绕"选项卡中选择"紧密型"方式，如图3-19所示。单击"确定"按钮

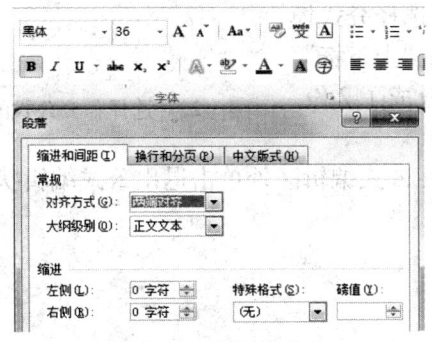

图3-18 编辑艺术字　　　　图3-19 "文字环绕"选项卡

（4）插入并编辑文本框。

将鼠标指针移至"埃得温·哈勃用上述方法算出了九个不同星系的距离"开始的段内，在"插入"选项卡的"文本"选项组中单击"文本框"按钮，在弹出的下拉菜单中选择"简单文本框"，在文本框内输入文字"银河系"。

单击文本框边线选中文本框,在"格式"选项卡的"形状样式"选项组中单击"选项"按钮,打开"设置形状格式"对话框。

切换到"颜色与线条"选项卡,在"填充"选项卡中将"颜色"设置为淡蓝、"透明度"设置为50%,在"线条颜色"选项组中将"颜色"设置为蓝色,在"线型"选项卡中将"宽度"设置为1磅;单击"确定"按钮。然后将文字环绕方式设置为"四周型"。

(5) 插入并组合自选图形。

将插入点移至"在20年代,天文学家开始观察其他星系中的恒星光谱时"开始的段后,在"插入"选项卡中单击"形状"按钮,在弹出的列表中单击"矩形"按钮,鼠标指针变为十形状;按下鼠标左键不放,拖动鼠标绘制出一个"矩形"自选图形;右击"矩形"自选图形,在快捷菜单中单击"添加文字"命令,为自选图形添加文字"空间"。

用同样的方法单击"椭圆"按钮,按住Shift键画出一个正圆形,输入文字"时间"。在"格式"选项卡的"排列"选项组中,单击"对齐"按钮,选择"上下居中"。

按下Shift键不放,依次单击文中两个自选图形对象,选中两个自选图形对象,在"格式"选项卡的"排列"选项组中,单击"组合"按钮,然后选择"组合"命令,把两个自选图形组合成在一起,如图3-20所示。然后将其文字环绕方式设置为"四周型"。

(6) 插入和编辑数学公式。

将插入点移至文档末尾处,在"插入"选项卡,单击"符号"选项组中的"公式"按钮,打开"公示工具">"设计"选项卡,如图3-21所示。

图3-20 选择"组合"命令　　　　图3-21 公式工具

首先单击"积分"按钮,选择上限和下限标记位于积分符号正上方和正下方的样式。单击积分上限输入区,在"符号"列表中选择∞;单击积分下限输入区,用键盘输入1。

将插入点移至右输入区,单击"分数"按钮,选择分式模板,在分子区输入1,将插入点移至分母区,单击"上下标"按钮,选择合适的上下标样式,此时分母输入区被分成了2份,分别输入x和2。

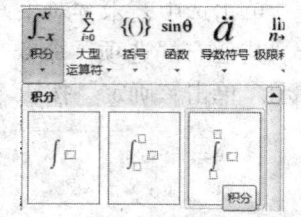

图3-22 选择积分公式的样式

将插入点移至公式右侧输入区,输入"dx",在公式编辑区外单击退出公式编辑状态。

3.3 使用样式格式化文档

实验目的

- 掌握系统内置样式修改
- 掌握样式的新建、修改和删除
- 掌握使用样式来快速格式化文档
- 掌握使用查找和替换来快速设置样式

3.3.1 新建和修改样式

1. 任务要求

（1）启动 Word 2010，打开实验素材文档。

（2）修改内置样式"标题"，设置为"黑体、三号、加粗、居中、级别 1 级、段前段后各 12 磅、1.5 倍行距、底纹 10%"；修改内置样式"标题 1"为"黑体、小四、左对齐、级别 2 级、首行缩进 2 字符、1.5 倍行距"；修改内置样式"标题 2"为"宋体、五号、左对齐、级别 3 级、首行缩进 2 字符"。

（3）新建名为"正文段落"的段落样式，设置为"宋体、五号、两端对齐、级别正文文本、段后 0.5 行、首行前缩进 2 字符、单倍行距"；新建名为"关键词"的字符样式，设置为"斜体、蓝色底纹"。

（4）将文档另存到"D:\我的姓名"。

2. 实验素材

实验素材\ch2\Ex_3\青少年网络应用水平分析及研究.docx。

3. 操作步骤

（1）打开实验素材文档。

启动 Word 2010，单击"文件"菜单下"打开"命令，打开实验素材文档"实验素材\ch2\Ex_3\青少年网络应用水平分析及研究.docx"。

（2）修改系统内置样式。

打开"开始"选项卡，在"样式"选项组中单击"选项"按钮，显示出"样式"任务窗格。在任务窗格中，将鼠标光标移动到"标题"右侧，会自动显示出向下的三角按钮。单击该按钮，选择"修改"命令，打开"修改样式"对话框，如图 3-23 所示。

在"修改样式"对话框中，设置字体黑体、三号。单击左下的"格式"按钮，在弹出的菜单中选择 "段落"命令，在打开的"段落"对话框中，设置对齐方式居中、大纲级别 1 级、段前段后各 12 磅、行距 1.5 倍，单击"确定"按钮，返回"修改样式"对话框。

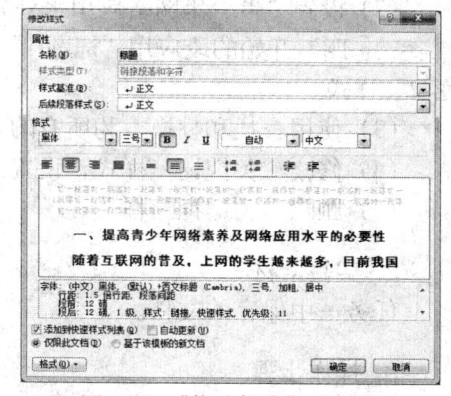

图 3-23 "修改样式"对话框

在"修改样式"对话框中，单击"格式"按钮，在弹出的菜单中单击 "边框"命令，在打开的"边框和底纹"对话框中，切换到"底纹"选项卡，将"样式"设置为 10%，应用于段落，单击"确定"按钮返回"修改样式"对话框；再次单击"确定"按钮，关闭"修改样式"对话框。

使用同样方式，修改"标题 1"和"标题 2"的样式。

（3）新建样式。

在"样式和格式"任务窗格中，单击"新建样式"按钮，打开"根据格式设置创建新样式"对话框，在对话框中，设置名称为"正文段落"、样式类型为"段落"、样式基于和后续段落样式都为"正文"，设置字体宋体、五号，单击"格式"按钮，在弹出菜单中单击"段落"命令，在打开的"段落"对话框中，设置对齐方式为两端对齐、大纲级别为正文文本、段后 0.5 行、首行缩进 2 字符、单倍行距,单击"确定"按钮返回"新建样式"对话框,如图 3-24 所示。

使用同样方式,打开"根据格式设置创建新样式"对话框,在对话框中,设置名称为"关键词"、样式类型为"字符",单击"倾斜"按钮设置字形为"斜体";单击"格式"按钮,在弹出菜单中选择"边框"命令,在打开的"边框和底纹"对话框中,切换到"底纹"选项卡,选择底纹为"蓝色"、应用于为"文字",单击"确定"按钮返回到"根据格式设置创建新样式"对话框;单击"确定"按钮,关闭对话框。

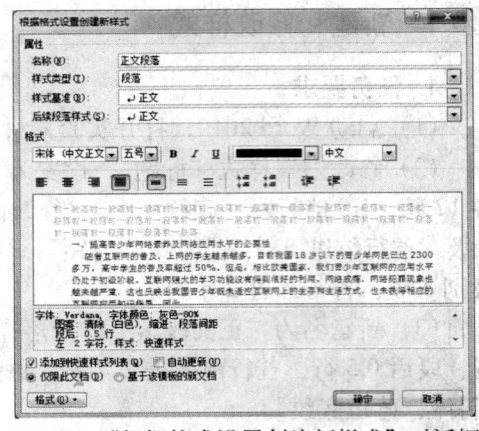

图 3-24 "根据格式设置创建新样式"对话框

(4) 保存文档。

单击"文件"菜单下"另存为"命令,打开"另存为"对话框,将文档保存到"D:\我的姓名"。

3.3.2 使用样式格式化文档

1. 任务要求

(1) 启动 Word 2010,打开实验素材文档。

(2) 设置"青少年网络应用水平分析及研究"开始的段应用"标题"样式;设置以"一、二、三、四"开始的段应用"标题 1"样式;设置以"(一)、(二) 和 (三)"开始的段为"段落 2"样式。

(3) 使用查找和替换,为所有的"大学生"应用"关键词"样式。

(4) 修改"关键词"样式,设置字体颜色蓝色、红色底纹。

(5) 删除"关键词"样式。

2. 实验素材

任务一中保存的文档。

3. 操作步骤

(1) 打开实验素材文档。

启动 Word 2010,单击"文件"菜单"打开"命令,打开"打开"对话框,选择打开任务一中保存的文档。

(2) 应用样式格式化文档。

打开"开始"选项卡,在"样式"选项组中单击"选项"按钮,显示出"样式"任务窗格。首先按组合键 Ctrl+A,全选文档,单击"正文段落"样式。选择"青少年网络应用水平分析及研究"开始的段,单击"样式"任务窗格中的"标题"样式,将样式应用到选定的段落;按下 Ctrl 键不放,在以"一、二和三"开始的段左侧分别单击,选中这些段,单击任务窗格中的"标题 1"样式,将"标题 1"样式应用到这些段落;采用同样的方式,选中以"(一)、(二) 和 (三)"开始的段,将"标题 2"样式应用到选中的段落。

(3) 使用"查找和替换"方式为指定内容添加样式。

单击"替换"按钮，或者按 Ctrl+H 键，打开"查找和替换"对话框；在"查找内容"文本框中输入"学生"，在"替换为"文本框中输入"学生"；保持插入点在"替换为"文本框，单击"更多"按钮打开高级选项，如图 3-25 所示。

单击"格式"按钮，在展开的菜单中，单击"样式"命令打开"查找样式"对话框，在"查找样式"对话框中选中"关键词"样式，如图 3-26 所示；单击"确定"按钮返回"查找和替换"对话框，单击"全部替换"按钮。

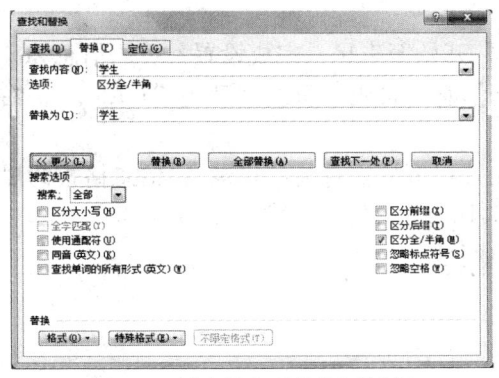

图 3-25 "查找和替换"对话框 　　　　图 3-26 "替换样式"对话框

（4）通过修改样式修改文档格式化效果。

在"样式"选项组的快速样式库或"样式"窗格中，右击"关键词"样式，单击快捷菜单中的"修改"命令，在"修改样式"对话框中修改样式为字体颜色蓝色、红色底纹；修改完成后观察文档中格式的变化。

（5）删除自定义样式。

在"样式"窗格中，右击"关键词"样式，单击快捷菜单选择对应的"删除"命令，删除"关键词"样式，观察文档格式的变化。

3.4　版式设计和打印

实验目的
- 掌握常见的页面设置方法
- 掌握页眉和页脚区信息的设置
- 熟练掌握页码的插入和设置
- 掌握文档的分栏、分页和分节的方面
- 掌握文档的打印预览和打印方法

3.4.1　文档的版式设计

1. 任务要求

（1）打开实验素材文档"实验素材\ch2\Ex_4\电子信息行业分析.doc"。

（2）对整篇文档进行页面设置，设置为上、下页边距各为 2.3 厘米，左右页边距各为 3 厘米、纵向，装订线位置在左端、距边界 0.5 厘米，纸型为 A4。

（3）将以"从行业结构来看，计算机行业继续保持高速增长，"开始的段进行分栏：两栏、等宽、栏间有分割线。

（4）在文中每一个标题所属的正文最后，分别插入类型为"下一页"的分节符，将文档内容分成 3 节。

（5）使用"文档结构图"查看文档大纲结构，根据文档大纲结构自动生成目录，目录中包括文中 2 级大标题的信息。

（6）在文中大标题后，插入人工换行符；将大标题"电子信息行业分析"设置为页面垂直居中显示。

（7）为文中第 3 节（从"1. 行业运行分析"开始至末尾）完成设置：页眉信息为"电子信息行业分析"，信息格式为黑体、五号，页脚信息为页码，页码类型为"1,2,3…"，右对齐显示。

（8）为文内第 2 节（目录所在节）完成设置：页眉信息为"目录"，信息格式为黑体、五号、斜体，页脚信息为页码，页码类型为"I. II. III. …"，居中显示。

（9）将文档另存为"D:\我的姓名\电子信息行业分析.doc"文档。

2. 实验素材

实验素材\ch2\Ex_4\电子信息行业分析.doc

3. 操作步骤

（1）打开实验素材文档。

启动 Word 2010，选择"文件"菜单中的"打开"命令，在"打开"对话框中选择实验素材"实验素材\ch2\Ex_4\电子信息行业分析.docx"，单击"打开"按钮。

（2）对文档进行页面设置。

打开"页面布局"选项卡，在"页面设置"选项组中单击"选项"按钮，打开"页面设置"对话框；如图 3-27 所示。在"页边距"选项卡中，设置页边距"上、下"分别为 2.3 厘米、"左、右"分别为 3 厘米，设置"装订线位置"为左、"装订线"为 0.5 厘米，设置"方向"为纵向，设置"应用于"为整篇文档。

在"页面设置"对话框中，切换到"纸张"选项卡，如图 3-28 所示；设置"纸张大小"为 A4、"应用于"为"整篇文档"，单击"确定"按钮。

图 3-27 "页面设置"对话框　　　　图 3-28 "纸张"选项卡

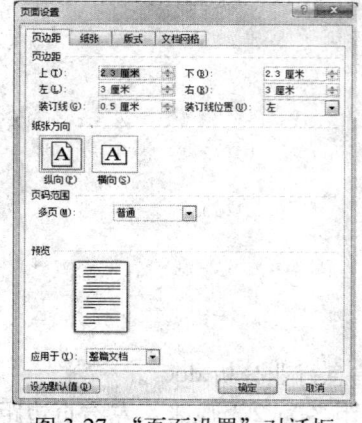

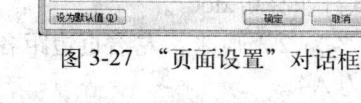

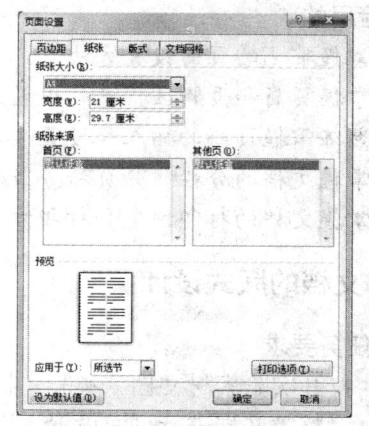

（3）为指定内容设置分栏格式。

选择标题一下面的五个段落，在"页面设置"选项组中单击"分栏"按钮，选择"更多分栏"命令，打开"分栏"对话框，如图3-29所示；在"分栏"对话框中，单击选中"预设"中的"两栏"，单击选中"栏宽相等"复选框，单击选中"分割线"复选框，设置"应用于"为"所选文字"，单击"确定"按钮。

（4）插入分节符进行分节。

在"开始"选项卡的"段落"选项组中，单击激活"显示/隐藏编辑标记"按钮，显示出所有的编辑标记；将插入点移至刚才第5段的最后。打开"页面布局"选项卡，单击"分隔符"按钮，在弹出的菜单中选择"分节符">"下一页"，如图3-30所示。在第5段文字的最后插入了一个"下一页"的分节符，如图3-31所示。

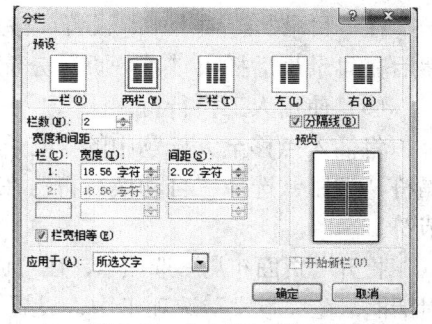

图3-29 "分栏"对话框

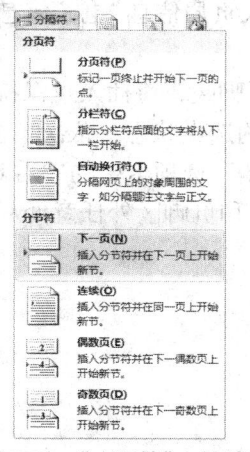

图3-30 "分隔符"对话框

图3-31 "下一页"分节符

（5）打开"视图"选项卡，在"显示"选项组中勾选"导航窗格"复选框，显示和查看文档的大纲结构，如图3-32所示。将插入点移至文中"目录"后，打开"引用"选项卡，单击"目录"按钮，选择"插入目录"命令，打开"目录"对话框，如图3-33所示。

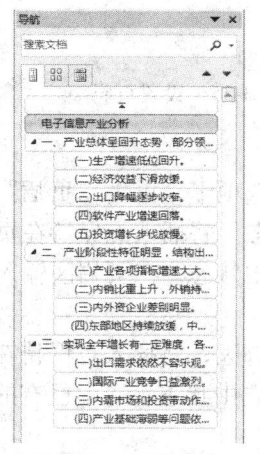

图3-32 导航窗格

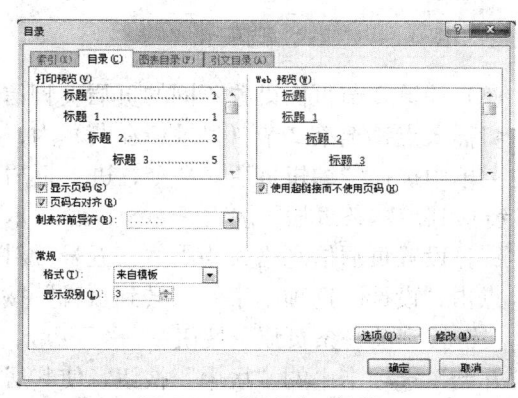

图3-33 "目录"对话框

59

在"目录"选项卡中,设置"格式"为来自模板、"显示级别"为3,单击"确定"按钮。然后在目录最后插入"下一页"分节符。

(6) 使用人工换行符。

将插入点移至大标题中的"电子信息产业行业"后,打开"页面布局"选项卡,单击"分隔符"按钮,选择"自动换行符"在当前位置插入换行符。然后在其下再插入"下一页"分节符。

打开"页面布局"选项卡,在"页面设置"选项组中单击"选项"按钮,打开"页面设置"对话框,在"版式"选项卡中,设置"页面垂直对齐方式"下拉列表框为"居中",设置"应用于"下拉列表框为"本节",如图 3-34 所示;单击"确定"按钮关闭对话框。

(7) 设置页眉页脚信息。

将插入点移至正文内,打开"插入"选项卡,单击"页眉"按钮,在弹出菜单中选择"编辑页眉"命令,进入页眉和页脚编辑状态。将插入点保持在页眉区,单击"链接到前一条页眉"按钮，取消该按钮的选中状态。在页眉区输入页眉信息"电子信息产业分析",使用"开始"选项卡设置页眉信息格式为黑体、五号。

点击"设计"选项卡中的"转到页脚"按钮,切换到页脚区,将插入点保持在页脚区,单击"链接到前一条页眉"按钮，取消该按钮的选中状态;依次单击"页码"、"当前位置"、"普通数字",如图 3-35 所示,然后单击"开始"选项卡中的"右对齐"按钮,插入页码信息。单击"关闭页眉和页脚"按钮,或者在页眉和页脚区外任意处双击,退出页眉和页脚编辑状态。

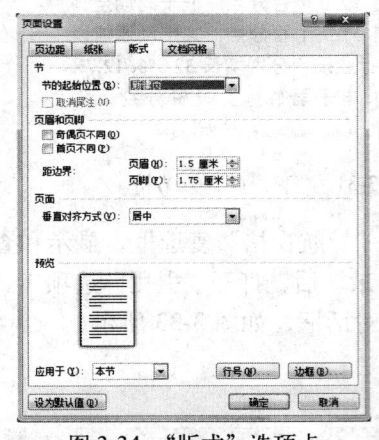

图 3-34　"版式"选项卡　　　　　　　图 3-35　设置页码

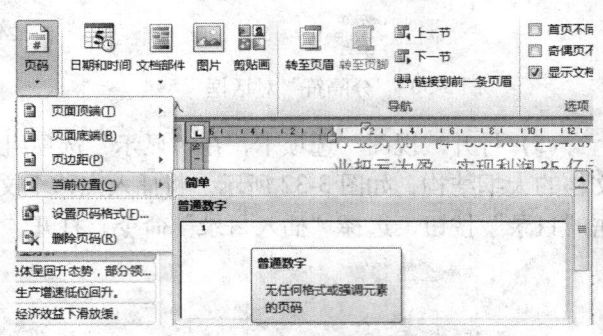

(8) 为第 2 节页面设置不同的页眉页脚信息。

将插入点移至第 2 节（目录所在节）内,打开"插入"选项卡,单击"页眉"按钮,在弹出菜单中选择"编辑页眉"命令,进入页眉和页脚编辑状态。将插入点保持在页眉区,单击"链接到前一条页眉"按钮，取消该按钮的选中状态。在页眉区输入页眉信息"目录",设置页眉信息格式为黑体、五号、斜体。

点击"设计"选项卡中的"转到页脚"按钮,切换到页脚区,将插入点保持在页脚区,单击"链接到前一条页眉"按钮，取消该按钮的选中状态。选中已有的页码,单击"开始"选项卡中的"居中"按钮,使其居中对齐。

单击"页码"按钮,在弹出的菜单中选择"设置页码格式"命令,如图 3-36 所示。打开

"页码格式"对话框，设置"数字格式"为"I. II. III. …"罗马格式，选择"页码编排"为"起始编码"，如图 3-37 所示；单击"确定"按钮，再单击"关闭页眉和页脚"按钮关闭推出页眉页脚编辑状态。

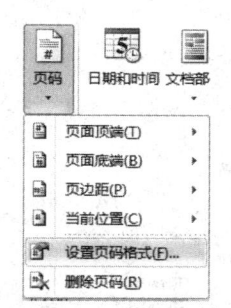

图 3-36 "设置页码格式"命令　　　　图 3-37 "页码格式"对话框

（9）保存文档。

单击"文件"菜单中"另存为"命令，打开"另存为"对话框，将编辑后的实验素材文档另存为"D:\我的姓名\电子信息产业分析.docx"。

3.4.2 文档的打印预览及打印

1. 任务要求

（1）打开实验素材文档。
（2）预览文档打印效果。
（3）打印文档所有页面 1 份。
（4）打印文档的第 3-5 页 2 份。
（5）打印文档所有奇数页 1 份。

2. 实验素材

任务一保存的"D:\我的姓名\电子信息产业分析.docx"

3. 操作步骤

（1）打开实验素材文档。

选择"文件"菜单中的"打开"命令，打开"打开"对话框，选择任务一保存的"D:\我的姓名\电子信息行业分析.docx"，单击"打开"按钮打开文档。

（2）预览文档打印效果。

单击"文件"菜单中的"打印"命令，如图 3-38 所示；拖动窗口右下角的"显示比例"滑块，可以按不同的显示比例查看打印预览效果，预览多页效果。

（3）打印文档所有页面。

单击"打印"按钮，可以使用系统默认设置打印文档所有页面，在"打印"按钮旁边的文本框里，可以输入打印的副本数。如图 3-39 所示，设置"打印所有页"、副本"份数"为 1，单击"打印"按钮开始打印。

（4）打印文档中指定页面。

在"打印所有页"下面的文本框里输入"3-5"，"打印所有页"自动变成"打印自定义范围"，然后在"份数"文本框中输入 2；单击"打印"按钮开始打印。

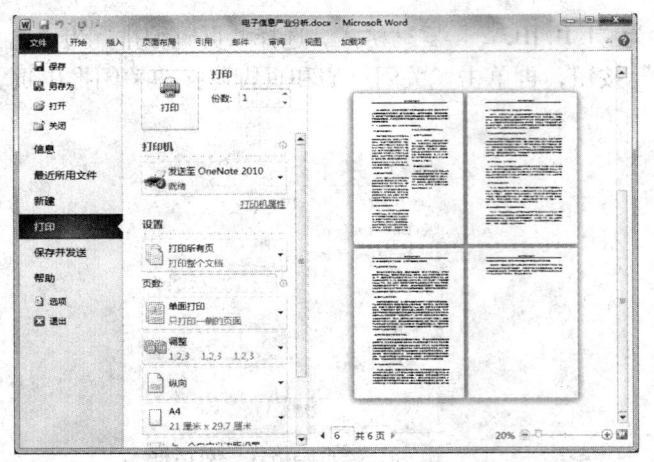

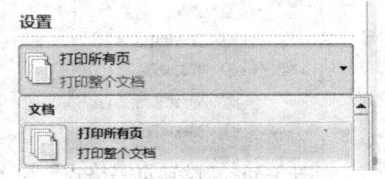

图 3-38 "打印"窗口　　　　　　　　图 3-39 打印所有页

(5) 打印所有奇数页。

在"打印所有页"的下拉菜单中,选择"仅打印奇数页"命令,然后在"份数"文本框中输入 1,单击"打印"按钮开始打印。

3.5 综合实验

实验目的
- 掌握字符、段落格式的设置和修改
- 掌握剪贴画、图片、艺术字和自选图形的插入、编辑和格式化
- 掌握表格的创建、编辑和格式化
- 掌握页眉页脚信息的添加和编辑
- 掌握页面设置的常见方法

3.5.1 综合实验一

1. 任务要求

(1) 请将实验素材文档的标题"英推出最新无人隐形战机 Taranis"设置为"黑体、三号、蓝色、加粗、居中对齐"。

(2) 请为第 1 段中"据国外媒体报道"文字设置为倾斜,并添加底纹;请将第 1 段中的着重号修改为红色双下划线。

(3) 请为第 2 段设置左缩进 4 个字符;请为"Taranis 试验飞机的成本高达 1.43 亿英镑",开始的段设置行距 1.5 倍、段前 1 行、段后 2 行。

(4) 请将"研究人员表示,"开始的段分成等宽的 2 栏,栏间有分割线。

(5) 请为文中图片设置高度 6 厘米、宽度 9 厘米、居中显示。

(6) 请在"Taranis 试验飞机的成本高达 1.43 亿英镑,"开始的段后,插入一个"建筑"类剪贴画,并设置高度为 4 厘米、宽度为 5 厘米。

(7) 请在"在位于兰开夏郡的 BAE 系统公司,"开始的段后,插入艺术字"无人隐形战机",并且将艺术字的版式修改为浮于文字上方。

（8）请在文档最后插入一个 4 行 3 列的表格，在第 1 行 3 个单元格中依次输入"编号"、"制造公司"和"隶属国家"，设置表格第 1 行行高为 1 厘米、所有列的宽度为 2 厘米，并为第 1 行单元格中内容设置水平、垂直方向都居中。

（9）请为文档添加页眉信息，内容为"最新无人隐形战机"，且页眉、页脚距边界距离分别为 1 厘米和 2 厘米。

（10）请为文档设置上、下、左、右边距分别为 2 厘米、2 厘米、3 厘米、3 厘米，并为文档设置纸型为 32 开。

（11）请为文档设置装订线边距为 1 厘米，装订线位置为上。

2. 实验素材

实验素材\ch2\Ex_5\最新无人隐形战机.docx

3. 操作步骤

（1）为标题设置字体格式。

选定标题文字"英推出最新无人隐形战机 Taranis"，单击"字体"选项组中的"选项"按钮，打开"字体"对话框，在"字体"选项卡中，设置中文字体为黑体、字号为三号、字体颜色为蓝色、字形为加粗，如图 3-40 所示，单击"确定"按钮。

选定标题文字，单击"段落"选项组中的"居中"按钮，将标题设置为居中对齐。

（2）设置字体格式。

选定第 1 段中的"据国外媒体报道"文字，分别单击"字体"选项组中的"倾斜"按钮 *I* 和"字符底纹"按钮 A。

图 3-40 "字体"对话框

选定第 1 段中带有着重号的文字，单击"字体"选项组中的"选项"按钮，打开"字体"对话框；在"下划线线型"下拉列表框中选择"双线型"下划线，在"下划线颜色"下拉列表框中选择"红色"，在"着重号"列表框中选择"无"；单击"确定"按钮关闭对话框。

（3）设置段落格式。

在第 2 段的左侧双击选中整个段落，单击"段落"选项组中"选项"按钮打开"段落"对话框，在"缩进和间距"选项卡中，在 "缩进"选项组中设置"左侧"为"4 字符"，单击"确定"按钮关闭对话框。

将插入点移至以"Taranis 试验飞机的成本高达 1.43 亿英镑"开始的段内，右击打开快捷菜单，单击快捷菜单中的"段落"命令打开"段落"对话框；在"缩进和间距"选项卡中，在 "间距"选项组设置中"段前"为"1 行"、"段后"为"2 行"，在"行距"下拉列表框中选择"1.5 倍行距"，如图 3-41 所示；单击"确定"按钮关闭对话框。

（4）为指定内容设置分栏格式。

选定"研究人员表示"开始的段，单击"页面布局"选项卡菜单中的"分栏"按钮，在弹出菜单中选择"更多分栏"命令，打开"分栏"对话框。在"预设"中选中"两栏"或者在"栏数"处输入 2，并单击选中"分割线"复选框，如图 3-42 所示；单击"确定"按钮关闭对话框。

图 3-41 "段落"对话框　　　　　　　　图 3-42 "分栏"对话框

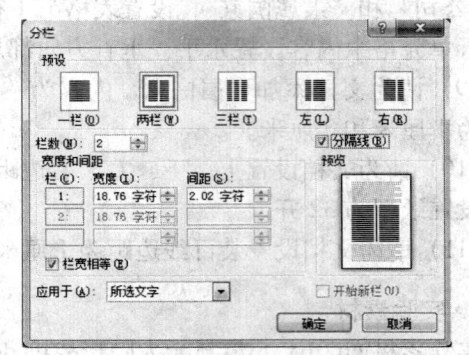

(5) 设置图片格式。

在文中图片上单击选定图片，打开"格式"选项卡，在"大小"选项组中单击"选项"按钮，打开"布局"对话框，单击"锁定纵横比"复选框取消选定，在"高度"中输入"6 厘米"，在"宽度"中输入"9 厘米"，如图 3-43 所示；单击"确定"按钮关闭对话框。

单击选定文中的图片，单击"开始"选项卡中的"居中"按钮，将图片设置为居中显示。

(6) 插入剪贴画。

将插入点移至"Taranis 试验飞机的成本高达 1.43 亿英镑"开始的段后，打开"插入"选项卡，单击"剪贴画"按钮，打开"剪贴画"任务窗格，如图 3-44 所示；在"搜索文字"文本框中输入"建筑"，单击"搜索"按钮，在下方列出的剪贴画中，选择其中一个单击即可。

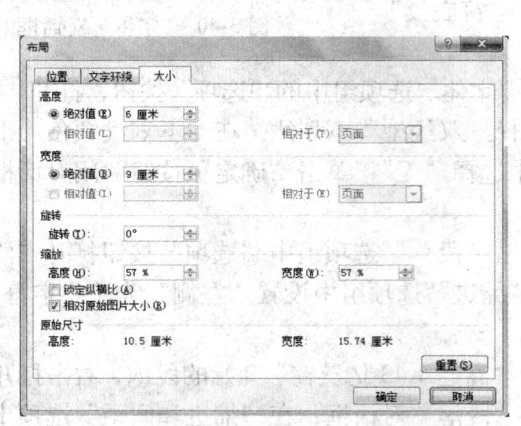

图 3-43 "布局"对话框　　　　　　　　图 3-44 "剪贴画"任务窗格

选择插入的剪贴画，打开"格式"选项卡，在"大小"选项组中单击"选项"按钮，打开"布局"对话框，单击"锁定纵横比"复选框取消选定，在"高度"中输入"6 厘米"，在"宽度"中输入"9 厘米"，在"高度"中输入"4 厘米"，在"宽度"中输入"5 厘米"；单击"确定"按钮关闭对话框。

(7) 插入艺术字。

将插入点移至"在位于兰开夏郡的 BAE 系统公司"开始的段后，打开"插入"选项卡，单击"艺术字"按钮,打开艺术字列表,选择一种"艺术字"样式,输入"无人隐形战机"。

打开"格式"选项卡,单击"排列"选项组中的"位置"按钮,在弹出菜单中选择"其他布局选项"命令,打开"布局"对话框,在"文字环绕"选项卡中选择"浮于文字上方",单击"确定"按钮关闭对话框。

(8) 插入和编辑表格。

将插入点移至文档末尾处,打开"插入"选项卡,单击"表格"按钮,设置"列数"为3、"行数"为4,插入表格。

在第 1 行的 3 个单元格中依次输入"编号"、"制造公司"和"隶属国家"。

将插入点移至表格的第 1 行内,右键单击后选择"表格属性"命令,打开"表格属性"对话框;在"行"选项卡中,单击选择"指定高度"复选框,并在其后输入"1 厘米";单击"确定"按钮关闭对话框。

将鼠标指针指向表格内,单击出现在表格左上角的"选择表格"按钮⊞;选中整个表格(即选中表格的所有列);在选定区域右击,在打开的快捷菜单中单击"表格属性"命令,打开"表格属性"对话框;在"列"选项卡中,单击选择"指定宽度"复选框,并在其后输入"2 厘米";单击"确定"按钮关闭对话框。

在表格第 1 行内,按下鼠标左键不放,拖动选中第 1 行所有文字,或者在第 1 行右侧外单击,选中第 1 行所有内容;在选定区域内右击,在快捷菜单中"单元格对齐方式"子菜单下,单击"水平居中"按钮即可。如图 3-45 所示。

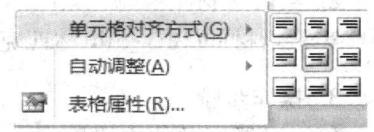

图 3-45 "单元格对齐方式"子菜单

(9) 设置页眉信息。

打开"插入"选项卡,单击"页眉"按钮,在弹出菜单中选择"空白",进入页眉和页脚编辑状态,将插入点移至页眉区,输入页眉信息"最新无人隐形战机";单击"页眉和页脚"工具栏中的"关闭页眉和页脚"按钮,或者在页眉和页脚区外任意处双击,退出页眉和页脚编辑状态。

打开"页面布局"选项卡,单击"页面设置"选项组中的"选项"按钮,打开"页面设置"对话框,在"版式"选项卡中,设置"距边界"中的"页眉"为 1 厘米、"页脚"为 2 厘米;单击"确定"按钮关闭对话框。

(10) 设置文档页边距和纸张大小。

打开"页面布局"选项卡,单击"页面设置"选项组中的"选项"按钮,打开"页面设置"对话框。在"页边距"选项卡中,设置上、下页边距分别为 2 厘米,设置左、右页边距分别为 3 厘米;在"纸张"选项卡中,输入纸张尺寸 13 厘米×18.4 厘米;单击"确定"按钮关闭对话框。

(11) 设置装订位置。

打开"页面布局"选项卡,单击"页面设置"选项组中的"选项"按钮,打开"页面设置"对话框。在"页边距"选项卡中,设置"装订线"为 1 厘米、选择"装订线位置"下拉列表框为"上";单击"确定"按钮关闭对话框。

3.5.2 综合实验二

1. 任务要求

(1) 将文中标题"奥林匹克运动"设置为小二号、加粗,并将其居中对齐。

(2) 给文档添加页眉信息"奥林匹克运动",并设置页眉、页脚距边界距离分别为 1 厘米、2 厘米。

(3) 给第 1 段中"奥林匹克运动包括以奥林匹克主义为核心的思想体系,以国际奥委会、国际单项体育联合会和各国奥委会为骨干的组织体系和以奥运会为周期的活动体系。"这句话添加底纹,并将其字体设置为黑体。

(4) 在"1894 年 6 月 23 日"开始的段后插入一幅"运动"类剪贴画,并设置其高度为 4 厘米、宽度为 5 厘米。

(5) 将以"奥林匹克运动是人类社会的一个罕见的杰作"开始的段的对齐方式设置为两端对齐,并将该段的段前和段后间距分别设置为 1 行。

(6) 为文中标题"奥林匹克运动"添加"加粗下划线",下划线颜色为绿色。

(7) 将以"奥林匹克运动是时代的产物,"开始的段设置为 1.5 倍行距。

(8) 将以"其次,奥林匹克运动试图以富有人文精神的体育运动作为实现自己宗旨的途径,"开始的段设置左缩进为 4 个字符。

(9) 将该文档的上、下、左、右页边距分别设置为 2 厘米、2 厘米、3 厘米和 3 厘米。

2. 实验素材

实验素材\ch2\Ex_5\奥林匹克运动.docx

3. 操作步骤

(1) 设置标题的字体格式。

选定文中标题文字"奥林匹克运动",单击"字体"选项组中的"选项"按钮,打开"字体"对话框。在"字体"选项卡中,设置字号为小二号、字形为加粗;单击"确定"按钮关闭对话框。

选定标题文字,单击"开始"选项卡中的"居中"按钮 ,将标题设置为居中对齐。

(2) 设置页眉信息。

打开"插入"选项卡,单击"页眉"按钮,在弹出菜单中选择"空白",进入页眉和页脚编辑状态。将插入点移至页眉区,输入页眉信息"奥林匹克运动";单击"关闭页眉和页脚"按钮,或者在页眉和页脚区外的页面任意处双击,退出页眉和页脚编辑状态。

单击"文件"菜单下的"页面设置"命令,打开"页面设置"对话框,在"版式"选项卡中,设置"距边界"中的"页眉"为 1 厘米、"页脚"为 2 厘米;单击"确定"按钮关闭对话框。

(3) 设置字体格式。

选定第 1 段中"奥林匹克运动包括以奥林匹克主义为核心的思想体系,以国际奥委会、国际单项体育联合会和各国奥委会为骨干的组织体系和以奥运会为周期的活动体系。"这句话,在"开始"选项组中单击"底纹"按钮,然后在"字体"列表框中选中"黑体"。

(4) 将插入点移至"1894 年 6 月 23 日"开始的段后,打开"插入"选项卡,单击"剪贴画"按钮,打开"剪贴画"任务窗格;在文本框中输入"运动",单击"搜索"按钮,在下方列出的剪贴画中,选择其中一个单击即可。

在文中图片上单击选定图片,打开"格式"选项卡,在"大小"选项组中单击"选项"按钮,打开"布局"对话框,单击"锁定纵横比"复选框取消选定,在"高度"中输入"4 厘米",在"宽度"中输入"5 厘米",单击"确定"按钮关闭对话框。

(5) 在以"奥林匹克运动是人类社会的一个罕见的杰作"开始的段内右击，在打开的快捷菜单中单击"段落"命令，打开"段落"对话框；在"缩进与间距"选项卡中，设置"对齐方式"下拉列表框为"两端对齐"，设置"段前"和"段后"间距分别为 1 行；单击"确定"按钮关闭对话框。

(6) 选定文中标题文字"奥林匹克运动"，单击"字体"选项组中的"选项"按钮，打开"字体"对话框；在"字体"选项卡中，设置"下划线线型"为加粗下划线、设置"下划线颜色"为绿色；单击"确定"按钮关闭对话框。

(7) 在以"奥林匹克运动是时代的产物"开始的段内右击，单击快捷菜单中"段落"命令，打开"段落"对话框；在"缩进与间距"选项卡中，设置"行距"下拉列表框为"1.5 倍行距"；单击"确定"按钮关闭对话框。

(8) 在以"其次，奥林匹克运动试图以富有人文精神的体育运动作为实现自己宗旨的途径，"开始的段内右击，单击快捷菜单中"段落"命令，打开"段落"对话框；在"缩进与间距"选项卡中，设置"左"缩进为"4 字符"；单击"确定"按钮关闭对话框。

(9) 设置页边距。

单击"文件"菜单下的"页面设置"命令，打开"页面设置"对话框；在"页边距"选项卡中，设置上、下页边距分别为 2 厘米，设置左、右页边距分别为 3 厘米；单击"确定"按钮关闭对话框。

3.6 本章习题

一、单项选择题

1. 在 Word 2010 中，下列关于模板的说法错误的是_____。
    A. 多个模板组合成一个样式
    B. 用户新建一个模板时，需要首先排版好一篇文档
    C. 用户启动 Word 2010 后，实际上就自动启用了模板
    D. 模板文档的扩展名叫.dot

2. 在 Word 2010 中，下列说法正确的是_____。
    A. 只能打开一个窗口
    B. 可以若干人在不同的机器上编辑同一个文档
    C. 可以打开多个窗口，但只能编辑同一个文档
    D. 可以打开多个窗口，不能同时编辑同一个文档

3. 在 Word 2010 中编辑文档内容时，中/英文标点符号切换的快捷键是_____。
    A. Ctrl+句号   B. Shift+空格   C. Ctrl+Shift   D. Ctrl+空格

4. 在 Word 2010 中，删除表格中内容时，在选定行或列后，后续操作是_____。
    A. 按 Delete 键   B. 单击"剪切"按钮
    C. 按空格键   D. 按 Ctrl + Tab 键

5. 在 Word 2010 中，微调图形对象位置应使用_____。
    A. 键盘的方向键   B. 鼠标左键拖动
    C. Ctrl+方向键   D. 鼠标右键拖动

6. 下面关于 Word 2010 中样式的说法，错误的是_____。

A. 样式是一系列预先设置的排版命令
B. 使用样式可以极大地提高文档的排版效率
C. 为了避免样式被破坏，一般情况下不能修改系统定义的内置样式
D. 用户可以根据排版需要自定义样式

7. 在 Word 2010 中，垂直滚动条上的"选择浏览对象"按钮中，不能选择的浏览方式是_____。
   A. 按表格浏览　　　B. 按视图浏览　　　C. 按图表浏览　　　D. 按节浏览

8. 下面关于插入图片的操作描述中，正确的是_____。
   A. 使用"插入"菜单中"图片"子菜单下的"来自文件…"命令
   B. 单击"绘图"工具栏中的"插入图片"命令按钮
   C. 在"插入"选项卡中单击"图片"按钮
   D. 单击"图片"工具栏中的"插入图片"命令按钮

9. 在 Word 2010 中，下列关于表格操作的叙述中错误的是_____。
   A. 不能将一张表格拆分成多张表格
   B. 可以将两张表格合成一张表格
   C. 可以将表格中的两个单元格合并成一个单元格
   D. 可以为表格添加边框和底纹

10. 在 Word 2010 中打印文档时，如果选择打印方向为"纵向"，则文档将被按_____方向打印。
    A. 有边框　　　B. 水平　　　C. 以三维方式　　　D. 垂直

11. 在 Word 2010 文档编辑中，要想设置图片的图文混排，必须首先_____。
    A. 选取一段文字　　　　　　　B. 使图片为浮动方式
    C. 选取一个图形　　　　　　　D. 选取一段含有图形的文字

12. 在 Word 2010 中设置段落的缩进和间距时，下面的度量单位中不能使用的是_____。
    A. 磅　　　B. 厘米　　　C. 字符　　　D. 分

13. 关于启动 Word 2010，下列描述的方法中有错误是_____。
    A. 单击桌面上的"开始"按钮，选择"运行"菜单项并键入"WORD"
    B. 双击任何一个扩展名为.DOC 的文件
    C. 右击一个扩展名为.txt 的文件，在"打开方式"菜单项中，选择使用"Microsoft Word"
    D. 双击任何一个扩展名为.dot 的文件

14. 在 Word 2010 中，不提供对_____的正确性检查。
    A. 汉语词汇　　　B. 字符　　　C. 句子的时态　　　D. 单词

15. 在 Word 2010 中编辑文档时，应该处于_____绘制自选图形。
    A. 草稿视图　　　B. 页面视图　　　C. 主控文档　　　D. 大纲视图

16. 下面关于 Word 2010 中页眉和页脚的叙述中，正确的是_____。
    A. 页眉和页脚中的文字不可以进行格式排版
    B. 只要删除页眉和页脚中的内容，就可以将它们删除
    C. 编辑文档时，单击页眉和页脚，然后按 Del 键便可以删除它们
    D. 页眉和页脚不能删除

17. 下面的选项中，不能在"底纹"中设置的是_____。

A. 颜色设置　　　　B. 应用范围　　　　C. 艺术型　　　　D. 图案样式
18. 在 Word 2010 的"常用"工具栏中，当剪切和复制按钮呈灰色状态表示_____。
　　A. 选定的内容太大了　　　　　　　B. 没有选定任何的内容
　　C. 剪切板已经满了　　　　　　　　D. 选定的内容是页眉或者页脚
19. 下列方法中，不能用来打开一个已有 Word 文档的方法是_____。
　　A. 双击这个文档
　　B. 单击"文件"菜单中的"打开"菜单命令
　　C. 使用 Ctrl+O 组合键
　　D. 在"视图"选项卡中选取
20. 在"插入表格"对话框中"自动调整操作"属性下，不包括的选项是_____。
　　A. 根据窗口调整表格　　　　　　　B. 固定行宽
　　C. 固定列宽　　　　　　　　　　　D. 根据内容调整表格
21. 在 Word 2010 中，退出数学公式编辑环境只要单击_____区就行了。
　　A. 数学公式工具栏　　　　　　　　B. 数学公式内容
　　C. 关闭"公式"工具栏　　　　　　 D. 正文文本编辑区
22. 分栏排版可以通过"页面布局"选项组中的_____按钮来实现。
　　A. 段落　　　　　B. 首字下沉　　　　C. 分栏　　　　D. 字符
23. 为文字或段落添加边框时，下列选项对边框不能设置的是_____。
　　A. 尺寸　　　　　B. 宽度　　　　　　C. 线型　　　　D. 颜色
24. 在 Word 2010 中，下列关于调整表格行高和列宽的描述不正确的是_____。
　　A. 利用"表格属性"对话框，可以调整行高和列宽
　　B. 使用"边框和底纹"对话框，可以调整行高和列宽
　　C. 使用鼠标直接拖动表格的边线，可以调整行高和列宽
　　D. 使用标尺可以调整行高和列宽
25. 在 Word 2010 中，矩形文本块的选取操作为_____。
　　A. 同时按下 Ctrl 和 Alt，按住鼠标拖动　　B. 直接按住鼠标拖动
　　C. 按住 Ctrl 键的同时，按住鼠标拖动　　　D. 按住 Alt 键的同时，按住鼠标拖动
26. 可以在_____选项卡中，插入或删除表格的行、列和单元格。
　　A. 视图　　　　　B. 布局　　　　　　C. 格式　　　　D. 插入
27. 在 Word 2010 中，需要将每一页的页码放在页底部右端，正确的方法是_____。
　　A. "页面布局"选项卡中的"页眉"　　　B. "插入"选项卡中的"页码"
　　C. "插入"选项卡中的"文档部件"　　　D. "文件"菜单中的"选项"
28. 在 Word 2010 文档中，要绘制一个正圆时，则需要_____。
　　A. 按住 Alt 键　　B. 按住 Ctrl 键　　C. 按住 Shift 键　　D. 右键绘制
29. 在 Word 2010 中，设置行间距是在_____对话框中进行的。
　　A. 段落　　　　　B. 字体　　　　　　C. 边框和底纹　　D. 分栏
30. 在 Word 2010 中，单击_____的按钮之后，将打开一个与命令详细参数相关的对话框。
　　A. 命令后面带有黑三角　　　　　　B. 选项组右下角
　　C. 命令后面带有"..."　　　　　　 D. 灰色的
31. Word 2010 中，通过使用"查找和替换"功能不能完成的是_____。

A. 定位文档　　　　　　　　　　　B. 修改文档
C. 格式化特定的单词　　　　　　　D. 统计文档字符的个数

32. 在 Word 2010 中，若要删除表格中选定的行或列，下列操作叙述中不正确的是_____。
A. 使用右键快捷菜单中的"删除行（列）"命令
B. 使用右键快捷菜单中的"剪切"命令
C. 使用"布局"选项卡中的"删除"按钮
D. 使用"页面布局"选项卡中的"删除"命令

33. 当显示了水平标尺而未显示垂直标尺时，欲使垂直标尺也显示出来，正确的操作是_____。
A. 双击水平标尺
B. 打开"Word 选项"窗口，在"高级">"显示"中勾选"在页面视图中显示垂直标尺"
C. 勾选"视图"选项卡中的"标尺"复选框
D. 将页边距放大

34. 在 Word 2010 中，下面有关艺术字的说法中错误的是_____。
A. 可以给艺术字设置阴影和三维效果　　B. 可以对艺术字进行旋转
C. 艺术字也是一种对象　　　　　　　　D. 艺术字的内容一经确定不能修改

35. 在 Word 2010 中，选中一部分文字后，先后单击"开始"选项卡中的"加粗"按钮和"倾斜"按钮后，则被选中文字为_____。
A. 黑体，左倾斜　　　　　　　　　B. 加粗，左倾斜
C. 加粗，右倾斜　　　　　　　　　D. 加粗，左倾斜

36. 下面关于 Word 中选项卡说法不正确的是_____。
A. 选项卡上的按钮可以被增加或减少
B. 显示出来的所有选项卡都可以被隐藏
C. 可以同时显示多个选项卡中的功能与按钮
D. 用户可以自定义选项卡

37. 在 Word 2010 中，对输入特殊符号或难检字的操作描述不正确的是_____。
A. 单击"插入"选项卡中的"符号"命令
B. 使用软键盘输入
C. 单击"插入"选项卡的"公式"命令
D. 使用键盘的组合键输入

38. 在 Word 2010 中，使用绘图工具绘制的图形中_____。
A. 不能加入文字　　　　　　　　　B. 可以加入文字，英文和其他符号
C. 不能加入任何符号　　　　　　　D. 不能加入英文

39. 页面设置对话框由选项页组成，不属于页面设置对话框的是_____。
A. 打印　　　B. 纸张来源　　　C. 版式　　　D. 纸型

40. 在 Word 2010 中，关于嵌入式对象的描述错误的是_____。
A. 尺寸柄是实心的　　　　　　　　B. 只能放置到插入点到达的位置
C. 可以与其他对象进行组合　　　　D. 可以和正文内容一起排版

41. 在 Word 2010 中，插入数学公式对象应使用的选项卡命令是_____。
    A. [开始]|[公式]   B. [插入]|[公式]
    C. [插入]|[符号]   D. [开始]|[符号]

42. 在 Word 2010 中，撤销刚刚执行完的编辑操作时，不能使用的方法是_____。
    A. 使用快捷键 Ctrl+Z
    B. 单击"快速访问工具栏"上的"撤销"按钮
    C. "撤销"按钮旁边的下拉菜单
    D. 按键盘上的 Esc 键

43. 在 Word 2010 中，插入表格的菜单命令位于_____选项卡中。
    A. 页面布局   B. 开始   C. 插入   D. 工具

44. 在 Word 2010 中，剪贴画默认的扩展名是_____。
    A. gif   B. bmp   C. wmf   D. rtf

45. 要使 Word 能自动改正经常输错的单词，应使用_____功能。
    A. 自动更正   B. 拼写检查   C. 同义字库   D. 自动拼写

46. Word 2010 中对字符间距的调整不包括_____。
    A. 加宽或者紧缩间距   B. 提升或者降低字符位值
    C. 缩小或者放大字符宽度   D. 扩大或者缩小行间距离

47. 在 Word 2010 中，在页左选定栏双击鼠标可以选定_____。
    A. 一行   B. 一个段落   C. 一句   D. 一个词

48. 在 Word 2010 中，默认的视图方式是_____。
    A. 普通视图   B. 页面视图   C. 大纲视图   D. 阅读版式视图

49. 在 Word 2010 中，如果要在文档中绘制图形，需要使用_____选项卡上的按钮。
    A. 开始   B. 插入   C. 页面布局   D. 视图

50. 在 Word 2010 中打印文档时，可以在文档的每页上打印同一图形作为页面背景，这种特殊的效果称为_____。
    A. 图形   B. 页眉和页脚 C. 艺术字   D. 水印

51. 在 Word 2010 中，下列操作不能实现的是_____。
    A. 数据库管理   B. 图形处理   C. 编辑文档   D. 表格处理

52. 在 Word 2010 中，悬挂缩进操作的效果是_____。
    A. 对所有段落的除了第一行外的行缩进一定值
    B. 对当前段落的除了第一行外的行缩进一定值
    C. 对所有的段落的所有的行缩进一定值
    D. 对当前段落的所有的行缩进一定值

53. Word 2010 在编辑区中鼠标左键三击的操作是用来_____。
    A. 选中整个文档   B. 选中一个段落
    C. 选中一个单词   D. 选中一个句子

54. 关于 Word 2010 中的文档打印，下述说法不正确的是_____。
    A. 在同一文档上，可以同时设置纵向和横向两种页面方式
    B. 在打印预览时可以同时显示多页
    C. 在打印时可以指定需打印的页面

D. 在同一页上，可以同时设置纵向和横向打印
55. 在 Word 2010 中，首字下沉是_____选项卡下的命令。
    A. 开始　　　　　　　B. 插入　　　　　　　C. 页面布局　　　　　D. 审阅
56. Word 2010 中文版属于_____软件包。
    A. Windows XP　　　　B. WPS Office　　　　C. CAI　　　　　　　D. Office 2010
57. 在 Word 2010 中，自动保存功能是自每隔一段时间自动保存_____。
    A. 所有的 Word 文档　　　　　　　　　　B. 正编辑的活动文档
    C. 打开的所有文档　　　　　　　　　　　D. 修改过的所有文档
58. 下列关于 Word 2010 中分页符的描述中正确的是_____。
    A. 文档中的硬分页符不能删除
    B. 文档中的软分页符会自动调整
    C. 文档中的硬分页符会自动调整位置
    D. 文档中的软分页符可以删除
59. 以只读方式打开的 Word 文档，修改后若保存，需要使用"文件"菜单中的_____命令。
    A. 保存　　　　　　　B. 全部保存　　　　　C. 另存为　　　　　　D. 关闭
60. Word 2010 中，字符格式设置主要指_____。
    A. 字符的位置、大小、写法
    B. 字符的拼写
    C. 字符的字体、字形、字号.颜色、特殊效果
    D. 字符的尺寸、位置、大小
61. 在 Word 2010 中，"粘贴"操作的快捷键是_____。
    A. Ctrl+C　　　　　　B. Ctrl+X　　　　　　C. Ctrl+V　　　　　　D. Ctrl+P
62. 关于 Word 2010 中样式的说法错误的是_____。
    A. 一组已经命名的字符和段落格式
    B. 系统已经提供了上百种样式
    C. 用户可以删除任何样式
    D. 用户能自定义样式，并保存自定义的样式
63. 对于一个已经存在的文件 A.docx，打开它并编辑，然后以 B.docx 存储并保留原文件 A.doc，应该使用的方法是_____。
    A. "文件"菜单中的"保存"命令　　　　　B. 快速访问工具栏中的"保存"按钮
    C. "文件"菜单中的"另存为"命令　　　　D. 使用 Ctrl+S 快捷键
64. 保存一个 Word 文档时，缺省的扩展名是_____。
    A. .xlsx　　　　　　　B. .docx　　　　　　　C. .htm　　　　　　　D. .txt
65. 以下能显示页眉页脚的视图方式为_____。
    A. 普通视图　　　　　B. 页面视图　　　　　C. Web 版式视图　　　D. 大纲视图
66. 使用"插入"选项卡中的"页眉"和"页脚"按钮不能插入_____。
    A. 页眉　　　　　　　B. 页脚　　　　　　　C. 脚注　　　　　　　D. 页码
67. 按组合键_____可选定整个 Word 文档。
    A. Ctrl+A　　　　　　B. Ctrl+Break　　　　C. Alt+Esc　　　　　D. Alt+F4
68. 在 Word 2010 中，要人工开始新的一页，应该_____。

A. 按 Enter 键　　　　　　　　　　B. 按 Shift+Enter 键
C. 按 Ctrl+Enter 键　　　　　　　　D. 按 Alt+Enter 键

69. 下列不能启动 Word 2010 的方法是_____。
   A. 单击"开始"—"所有程序"—"Microsoft Office"—"Microsoft Word 2010"
   B. 在资源管理器中双击一个扩展名为.docx 的文件
   C. 在桌面中双击 Word 快捷方式
   D. 单击"开始"按钮，然后选择"控制面板"中的有关命令

70. 如果想在 Word 2010 的文档中插入页眉页脚，应当使用_____菜单。
   A. 工具　　　　　B. 插入　　　　　C. 格式　　　　　D. 视图

71. 在 Word 2010 中，按_____快捷键可用于打开一个已存在的文档。
   A. Ctrl+S　　　　B. Ctrl+O　　　　C. Ctrl+F　　　　D. Ctrl+V

72. 在 Word 2010 中，若要打开刚刚编辑过的文档 test.docx，最简单的方法是_____。
   A. 单击"文件"菜单中的"最近所用文件"，找到 test.docx
   B. 单击"文件"菜单中的"打开"命令，找到文档 test.docx 打开
   C. 按快捷键 Ctrl+O
   D. 从"我的电脑"中找到该文档，再双击打开

73. 在 Word 2010 中，若要将文档中选定的文本内容设置为斜体，应当单击"开始"选项卡中的_____按钮。
   A. 加粗　　　　　B. 倾斜　　　　　C. 下划线　　　　D. 字体颜色

74. 要使 Word 2010 多页表格的每页首行都出现标题行，应使用的命令按钮是_____。
   A. "插入"—"重复标题行"　　　　B. "布局"—"重复标题行"
   C. "设计"—"重复标题行"　　　　D. "开始"—"重复标题行"

75. 下列 Word 2010 操作中，不能选中整个文档的操作是_____。
   A. 单击"编辑"菜单中的"全选"命令
   B. 将鼠标移到文档的页左选定栏外，待光标变成右指向的箭头时，左键三击
   C. 将鼠标移到文档的页左选定栏处，待光标变成右指向的箭头时，左键双击
   D. 按 Ctrl+A 组合键

76. 在 Word 2010 文档中，若需对域的显示进行更新时，选中域后可使用_____完成更新。
   A. F9　　　　　B. F11　　　　　C. Ctrl+Shift+F9　　　D. Ctrl+Shift+F11

77. 在 Word 2010 中，不能选中整个表格的操作是_____。
   A. 用鼠标拖动　　　　　　　　　B. 单击表格在上角的表格移动手柄图标
   C. 双击表格的某一行　　　　　　D. 按 Ctrl+A 键

78. 关于 Word 2010 文档窗口，下列说法正确的是_____。
   A. 只能打开一个窗口
   B. 可以同时打开多个文档窗口，被打开的窗口都是活动的
   C. 可以同时打开多个文档窗口，只有一个是活动窗口
   D. 可以同时打开多个文档窗口，只有一个窗口是可见文档窗口

79. 在 Word 2010 的编辑状态下，可以编辑页眉与页脚的视图方式是_____。
   A. 普通视图　　　B. 页面视图　　　C. 大纲视图　　　D. Web 版式视图

80. 在 Word 2010 中，使用_____选项卡中的相应命令按钮，可以方便地输入特殊符号，

当前日期时间等内容。
  A. 开始   B. 引用   C. 审阅   D. 插入

81. 关于 Word 2010，下列说法正确的是_____。
  A. 选择"文件"菜单中的"新建"命令可以新建一个空文档
  B. 选择"文件"菜单下的"关闭"就可退出 Word 2010
  C. 在 Word 2010 文档中只能输入在键盘上能看到的字符
  D. 在 Word 2010 文档中必须先输入内容，然后才能设定其字体

82. 在 Word 2010 中，单击"形状"列表中"椭圆"按钮，若按住 Shift 键并按下鼠标左键拖动，则会绘制出一个_____。
  A. 椭圆   B. 以出发点为中心的椭圆
  C. 圆   D. 以出发点为中心的圆

83. 在 Word 2010 "打印"窗格中，无法设置_____。
  A. 打印机属性   B. 打印范围
  C. 打印内容的格式   D. 打印份数

84. 下列叙述中错误的是_____。
  A. 为保护文档，用户可以设定以"只读"方式打开文档
  B. 打开多个文档窗口时，每个窗口内都有一个插入光标在闪烁
  C. 利用 Word 2010 可制作图文并茂的文档
  D. 文档输入过程中，可设置每隔 10 分钟自动进行保存文档操作

85. 在 Word 2010 窗口中，单击"文件"菜单中的"关闭"命令，将_____。
  A. 退出 Word 2010
  B. 最小化 Word 2010 应用程序
  C. 将正在编辑的文档存档且继续处于编辑状态
  D. 退出当前窗口中正在编辑的文档，Word 2010 应用程序仍运行

86. 在 Word 2010 中，关于浮动式对象和嵌入对象，下列说法不正确的是_____。
  A. 浮动式对象既可以浮于文字之上，也可以衬于文字之下
  B. 剪贴画的默认插入形式是嵌入式的
  C. 嵌入式对象可以和浮动对象组合成一个新对象
  D. 浮动对象可以直接拖放到页面上的任意位置

87. 在 Word 2010 编辑状态下，先选中文档的标题，然后单击"开始"选项卡的"下划线"按钮，则_____。
  A. 该标题仍为原来的字符格式   B. 该标题呈粗体显示
  C. 该标题呈斜体显示   D. 该标题呈下划线显示

88. 在 Word 2010 中，打开已有文档编辑后，执行"另存为"命令，则_____。
  A. 原已有文档不再存在，编辑的结果存入另一个新文档
  B. 编辑的结果存入原已有文档
  C. 编辑的结果存入原已有文档，并同时存入一个新文档中
  D. 原有文档保持不变，编辑结果存入另一个新文档中，文档名和路径在对话框中指定

89. 在 Word 2010 中，通过"快速访问工具栏"中的_____命令，可以恢复刚删除的内容。
  A. 撤销   B. 清除   C. 复制   D. 粘贴

90. Word 2010 的文本编辑区中有一个闪动的竖线，该竖线表示_____。
    A. 插入点，可在该处输入内容　　　B. 文档内容结尾处
    C. 字符选定标识　　　　　　　　　D. 鼠标光标
91. 在 Word 2010 中，为选定段落添加项目符号，可通过单击_____选项卡中"项目符号"按钮完成。
    A. 插入　　　　B. 开始　　　　C. 审阅　　　　D. 页面布局
92. 在 Word 2010 主窗口的右上角，可同时看到的按钮有_____。
    A. 最大化. 还原和最小化　　　　　B. 还原. 最大化和关闭
    C. 最小化. 还原和关闭　　　　　　D. 还原. 最大化
93. 在 Word 2010 的文档编辑状态下，_____可以退出 Word 2010 的运行。
    A. 点击"文件"菜单中的"退出"命令
    B. Ctrl+F4
    C. 点击"文件"菜单中的"关闭"命令
    D. 单击"最小化"按钮

二、多项选择题

1. 下面属于 Word 2010 的功能的是_____。
    A. 图形处理　　　　　　B. 文档打印　　　　C. 表格处理
    D. 文档编辑与格式化　　E. 版面设计
2. 在 Word 2010 中，选定文档内容后，移动选定文本的方法有_____。
    A. 使用剪贴板　　　　　　B. 使用鼠标左键拖放
    C. 使用鼠标右键拖放　　　D. 使用"查找"与"替换"功能
    E. 使用键盘控制键
3. 在 Word 2010 中，调整段落缩进的方法有_____。
    A. 使用"字体"对话框　　　B. 使用"段落"选项组
    C. 使用"段落"对话框　　　D. 使用"页面设置"对话框
    E. 使用标尺调整
4. 对于 Word 2010 具备的功能，下列说法中正确的是_____。
    A. 能够使用复杂的数学公式进行计算
    B. 提供了自动拼写检查功能
    C. 能进行表格的编辑操作
    D. 能将工作表的数据作为数据清单，进行排序筛选
    E. 能编辑处理格式文档
5. 在 Word 2010 中，把选定的内容复制到剪贴板的正确方法有_____。
    A. 按键盘上的 Ctrl＋C
    B. 使用键盘上的 Print 键
    C. 单击"剪贴板"选项组中的"复制"按钮
    D. 使用键盘 Alt＋Print 键
    E. 单击"编辑"菜单中的"复制"菜单项
6. 在 Word 2010 中，文档的段落对齐方式有_____。

A. 右对齐 B. 分散对齐 C. 左对齐
D. 两端对齐 E. 居中对齐

7. 在 Word 2010 中，图片的水平对齐方式有_____。
   A. 分散对齐 B. 两端对齐 C. 文本右对齐
   D. 居中 E. 文本左对齐

8. 在 Word 2010 中，使用绘图功能绘制自选图形时，下面说法正确的是_____。
   A. 可以为绘制的图形设置立体效果
   B. 不能将绘制的图形衬于文字下方
   C. 多个图形重叠时，可以设置它们的叠放次序
   D. 多个嵌入式对象可以组合成一个对象
   E. 可以在绘制的矩形框内添加文字

9. 在"页面设置"对话框的"版式"选项卡中，可以设置的有_____。
   A. 页眉/页脚距边界距离 B. 页面的垂直对齐方式
   C. 纸张大小 D. 页边距
   E. 装订线位置

10. Word 2010 的表格计算中要写函数参数，以下_____是可用的函数参数。
    A. LEFT B. UP C. BELOW
    D. ABOVE E. RIGHT

11. 可以自动生成的目录有_____。
    A. 索引目录 B. 引文目录 C. 脚注目录
    D. 尾注目录 E. 图表目录

12. 在 Word 2010 中，下列视图中能够使用"即点即输"功能的有_____。
    A. 大纲视图 B. 全屏显示 C. 普通视图
    D. Web 版式视图 E. 页面视图

13. 在修改图形的大小时，若想保持其长宽比例不变，应该_____。
    A. 在"设置图片格式"中锁定纵横比
    B. 用鼠标拖动四角上的控制点
    C. 按住 Shift 键，同时用鼠标拖动角上的控制点
    D. 按住 Ctrl 键，同时用鼠标拖动角上的控制点
    E. 按住 Alt 键，同时用鼠标拖动角上的控制点

14. Office 2010 办公自动化套件包括的组件有_____。
    A. Word 2010 B. Publisher 2010
    C. Windows 2010 D. SQL Server 2010
    E. Outlook 2010

15. 如果需要删除一个图片，下列操作方法正确的有_____。
    A. 选定图片，把鼠标的光标放在图片上单击右键，再单击"删除"命令
    B. 无须选定图片，直接按"Delete"键
    C. 选定图片并在出现选择柄时，按"Backspace"键
    D. 选定图片并在出现选择柄时，按"Delete"键
    E. 选定图片并在出现选择柄时，按"Space"键

16. 下列方法中，可以新建一个 Word 空白文档的是_____。
    A. 在"记事本"程序中选择"文件"菜单中"新建"，选择"Microsoft Word 文档"
    B. 在 Windows 7 中单击"文件"菜单中的"新建"命令，选择"Microsoft Word 文档"
    C. 在 Word 2010 中单击"文件"菜单中的"新建"命令
    D. 在 Word 2010 中使用快捷键 Ctrl+N

17. 在 Word 2010 中，下面组合键可用于选定文本的是_____。
    A. Shift+左右方向键   B. Ctrl+Alt+Home
    C. Alt+Shift+Home   D. Shift+上下方向键
    E. Ctrl+Shift+Home

18. 在 Word 2010 中，字符格式化的设置包括下面的_____。
    A. 字体   B. 字号   C. 字形
    D. 字符间距   E. 颜色

19. 在 Word 2010 中，下面关于表格的叙述正确的是_____。
    A. 可以用 Shift+PageDown 选中某一个单元格
    B. 可以用 Shift+Tab 选中某一个单元格
    C. 可以用 Shift+→ 选中某一个单元格
    D. 可以用 Shift+回车 选中某一个单元格
    E. 可以用 Shift+End 选中某一个单元格

20. 文档中若有多个浮动式图形，若要同时选定它们，应该如何操作_____。
    A. 单击每一个对象，同时按住 Alt 键
    B. 单击每一个对象，同时按住 Ctrl 键
    C. 单击每一个对象
    D. 单击每一个对象，同时按住 Shift 键

21. 编辑 Word 2010 文档时，用户可以使用_____方法来进行删改。
    A. 使用"剪切"命令   B. 使用 Ctrl+BackSpace 键
    C. 按 Delete 键   D. 按 BackSpace 键
    E. 使用 Alt+Delete 命令

22. Word 2010 中可以打开"查找与替换"对话框的操作有_____。
    A. 使用"编辑"选项组中的"查找"菜单命令
    B. 使用水平滚动条上的按钮
    C. 使用垂直滚动条上的按钮
    D. 使用快捷键 Ctrl+F
    E. 使用"编辑"选项组中的"替换"菜单命令

23. 在 Word 2010 中，可以进行格式化表格的是_____。
    A. "设计"选项卡   B. "布局"选项卡
    C. "边框和底纹"对话框   D. "审阅"选项卡
    E. "页面布局"选项卡

24. 在 Word 2010 中，下面关于页眉和页脚的叙述中正确的是_____。
    A. 在页眉和页脚中可以设置页码
    B. 一般情况下，页眉和页脚适用于整篇文档

C. 整个文档中必须设置相同的页眉和页脚

D. 奇数页和偶数页可以设置不同的页眉和页脚

E. 一次可以为整个文档设置不同的页眉和页脚

25. Word 2010 中，关于表格的行高和列宽的叙述中，_____是正确的。

    A. 利用标尺不能改变行高

    B. 可以利用菜单命令修改行高或列宽

    C. 按回车键可以改变行高

    D. 可以利用标尺修改行高或列宽

    E. 可以利用拖动表格的边框线修改行高和列宽

26. 在 Word 2010 中，下列选项中使用域实现的有_____。

    A. 页码   B. 项目符号和编号

    C. 页眉和页脚信息   D. 底纹

    E. 目录

27. 在 Word 2010 中，"表格属性"对话框中可以设置的选项有_____。

    A. 单元格内容的垂直对齐方式   B. 表格的水平对齐方式

    C. 行高和列宽   D. 表格的行数和列数

    E. 单元格的合并和拆分

28. 下列描述中，能够启动 Word 2010 的有_____。

    A. 在"计算机"中，双击任何一个 Word 文档

    B. 单击"开始"菜单中"运行"命令，在"运行"对话框中输入"Word 2010"

    C. 在"开始"菜单中，单击"文档"菜单中的 Word 文档

    D. 双击桌面上的 Word 2010 的快捷方式图标

    E. 在"计算机"中，找到并双击 Word 2010 应用程序文件

29. 当打开多个 Word 文档时，可以切换文档窗口的方法有_____。

    A. 使用"视图"选项卡切换   B. 利用任务栏中的文档窗口按钮切换

    C. 使用 Ctrl+Tab 键切换   D. 使用 Alt+Tab 键切换

    E. 使用"开始"菜单切换

30. 在 Word 2010 中，可以对插入的图片进行的操作有_____。

    A. 设置图片的亮度和对比度   B. 设置图片的大小

    C. 设置图片的环绕方式   D. 裁剪图片

    E. 设置图片的冲蚀效果

31. 在 Word 2010 中，下列调整页边距的描述正确的是_____。

    A. 使用"页面设置"对话框中"页边距"选项卡

    B. 使用标尺

    C. 使用"开始"选项卡

    D. 使用"段落"对话框

    E. 使用"边框和底纹"对话框

32. 在 Word 2010 中，插入分节符的类型有_____。

    A. 下一页   B. 连续   C. 奇数页

    D. 偶数页   E. 上一页

33. 下列关于 Word 2010 的描述正确的是_____。
   A. 只能同时打开一个文档
   B. 可以同时打开多个文档
   C. 可以将打开的文档保存成纯文本（txt）格式
   D. Word 文档的默认扩展名是.docx
   E. Word 文档的默认扩展名是.dot

34. 在 Word 2010 中，下列操作能够选定整个文档的有_____。
   A. 在页左选定栏中，单击鼠标左键
   B. Ctrl+A
   C. 在页左选定栏中，按下 Ctrl 键同时单击鼠标左键
   D. 在页左选定栏中，双击鼠标左键
   E. 在页左选定栏中，三击鼠标左键

35. 在 Word 2010 中，关于页码设置的描述正确的是_____。
   A. 页码可以设置在页面的纵向两侧　　B. 页码可以使用"I，II，III…"格式
   C. 页码可以从 0 开始　　D. 可以设置首页不显示页码
   E. 可以在不同的页面设置不同的页码形式

36. 关于 Word 2010 中的文档保存，下列说法正确的有_____。
   A. 每次保存都需要设置保存的文件名
   B. 另存为时可以选择保存到本地磁盘还是移动式优盘
   C. 在"另存为"对话框中可以设置"保存位置"、"文件名"和"文件类型"
   D. 新建文档在第一次保存时会打开"另存为"对话框
   E. 每次保存都会打开"另存为"对话框

37. 下列有关浮动式对象的描述正确的有_____。
   A. 浮动式对象的尺寸柄是空心的　　B. 浮动式对象可以设置为浮于文字下方
   C. 浮动式对象可以放置到页面任意位置　　D. 浮动式对象可以与其他对象组合
   E. 浮动式对象可以修改为嵌入式对象

38. 下列关于格式刷的描述正确的是_____。
   A. 格式刷是实现快速格式化的重要工具
   B. 格式刷可以快速复制字符格式，不能复制段落格式
   C. 格式刷可以快速复制段落格式，不能复制字符格式
   D. 单击格式刷，可以快速复制格式一次
   E. 双击格式刷，可以快速复制格式多次

三、判断题

1. Word 2010 主窗口标题栏中包括"最大化"、"还原"、"关闭"三个按钮。
2. 文档的页眉和页脚在普通视图和大纲视图状态下不显示,页面视图和打印预览视图状态下可以显示。
3. 编辑 Word 文档必须先保存后关闭，若未保存直接按关闭按钮则文档中所有的内容将不复存在。
4. Word 2010 中，嵌入式对象不能放置到页面任意位置，只能放置到文档插入点的位置。

5. Office 2010 已不存在计算机"千年虫"问题。
6. 需要多次使用格式刷复制格式，操作时需要先双击工具栏上的"格式刷"按钮，停止使用格式刷，可以再次单击"格式刷"按钮或者按下键盘上的 Esc 键。
7. Word 2010 文档中插入的图片可以根据需要将图片四周多余的部分裁减掉。
8. 使用 Word 2010 的文档保护功能，可以为文档设置打开口令，并当你忘记口令时，将不能打开文档。
9. 在 Word 2010 中打开多个 Word 文档时，每一个 Word 文档都是独立的窗口。
10. 在 Word 2010 中，只可以创建空表格，再往表格里填入内容，不可以将现有的文本转成表格。
11. 在 Word 2010 中，浮动式对象可以放置到页面的任意位置，并允许与其他对象组合。
12. 在 Word 2010 中，能将在 Word 文档中看到的所有的一切打印出来。
13. 在 Word 2010 中，复制文档内容只能通过"复制"和"粘贴"按钮实现。
14. 在 Word 2010 中打开 Word 文档，打开方式可以是默认打开方式. 只读打开方式. 副本打开方式或者浏览器打开方式。
15. Word 2010 文档中的段落是指文档中任意两个硬回车之间的所有字符，其中包括了段落后面的回车符。
16. Word 2010 文档可以另存为"纯文本"类型。
17. 使用"字数统计"功能可以对文档内容进行字数统计。
18. 退出 Word 2010 时，可以使用"文件"菜单中"关闭"命令。
19. 在标题栏上双击，可以使窗口在最大化和默认大小之间切换。
20. 当 Word 2010 主窗口被最小化时，Word 2010 也将暂停运行。
21. 在 Word 2010 中，单击功能区中选项组右下角的"选项"按钮，将会打开一个对话框。
22. 在 Word 2010 中，艺术字的格式需要使用"格式"选项卡来完成。
23. 使用记事本打开 Word 文档，也可以正常看到文档的完整内容。
24. Word 2010 的"查找和替换"功能不能查找和替换格式。
25. 在 Word 2010 中，字符的字号最大可以设置为 72 磅。
26. 用户可以修改系统内置的样式，但不能删除系统内置样式。
27. 在 Word 2010 中，表格中的公式计算是使用域实现的。
28. 在 Word 2010 中，自选图形和艺术字默认的都是嵌入式对象。
29. 在 Word 2010 中，分栏时可以在栏间设置分割线。
30. 在"页面设置"对话框中，可以设置文档打印时的纸张大小。

第4章 Excel 表格处理

4.1 Excel 文档的建立及基本操作

实验目的
- 掌握启动、退出和保存 Excel 2010 的各种方法。认识 Excel 2010 主界面及光标的形式
- 掌握 Excel 2010 中各种数据类型的输入方法

4.1.1 实验素材

本实验的实验素材，直接在 Excel 2010 中创建即可。

4.1.2 实验步骤

1. 启动、退出 Excel 2010；熟悉 Excel 2010 窗口

（1）Excel 2010 的启动。

1) 通过双击 Excel 2010 的桌面快捷方式启动。

2) 单击"开始"菜单，指向"所有程序"→"Microsoft Office"，然后单击"Microsoft Excel 2010"命令启动。

3) 通过打开 Excel 2010 文件启动。

（2）Excel 2010 的退出。

1) 单击 Excel 2010 窗口中标题栏最右端的"关闭"按钮 ✕。

2) 双击 Excel 2010 窗口中标题栏最左端的控制菜单图标。

3) 单击"文件"菜单中的"退出"命令。

4) 单击标题栏最左端的控制菜单图标，再单击其中的"关闭"命令。

5) 使用快捷键 Alt+F4。

（3）认识 Excel 2010 主界面。

Excel 2010 启动后，出现如图 4-1 所示的窗口，标题栏、菜单栏、工具栏和状态栏等，还有 Excel 特有的编辑栏、工作表编辑区等。

观察鼠标指针形状的变化：

1) 在"工作表编辑区"任意位置单击鼠标，或按住鼠标左键进行拖动后松开，此操作为选择单个或多个单元格，观察指针形状为空心加号。

2) 选定单个或多个单元格后，将光标放置在选定区域边框的右下角，此时处于可拖动复制状态，观察光标形状为实心加号。

3) 选定单个或多个单元格后，将光标放置在选定区域边框除右下角外的任意位置，此时处于可移动状态，观察光标形状为带箭头的加号。

4) 在任意单元格上双击鼠标，或将鼠标置于编辑栏，此时处于单元格编辑状态，观察光标为 I 形状。

计算机应用基础实验 Windows 7 + Office 2010

5）将鼠标放在列标/行标位置，此时处于可选择整列/整行状态，观察光标形状为向下/向右的箭头。

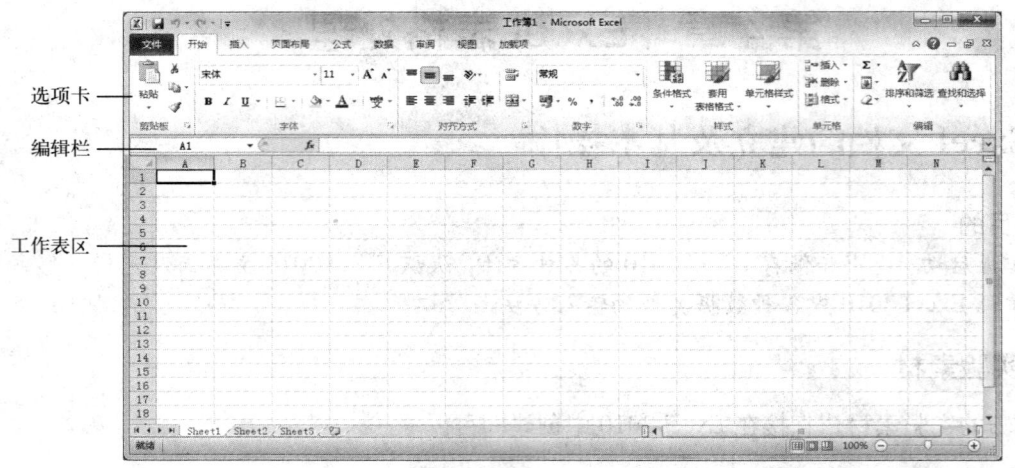

图 4-1　Excel 2010 主界面

2．工作表中的数据格式

在本地磁盘 D：下创建名为"工作表中的数据格式"的工作簿，在工作表 Sheet1 中创建一个如图 4-2 所示的工作表。

首先单击 A1 单元格，直接输入"数据类型"，按 Tab 键或单击 B1 单元格，然后输入"显示结果"，同样在 A2 至 A8 单元格分别输入"常规"、"文本"、"数值"、"日期"、"时间"、"分数"、"公式"。

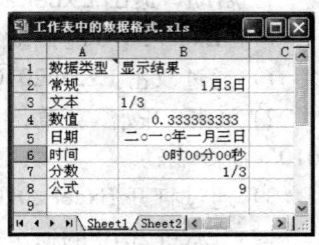

图 4-2　建立工作表

（1）常规输入。

单击 B2 单元格，直接输入"1/3"后回车，观察显示内容，然后单击 B2 单元格，观察编辑栏中的显示内容。

（2）文本输入。

右击 B3 单元格，选择"设置单元格格式"命令，在弹出对话框的"数字"选项卡中选择"文本"，单击"确定"按钮。在 B3 单元格中输入"1/3"后回车，观察显示内容，然后单击 B3 单元格，观察编辑栏中的显示内容。

（3）数值输入。

右击 B4 单元格，选择"设置单元格格式"命令，在弹出对话框的"数字"选项卡中选择"数值"，选择一种数值类型，单击"确定"按钮。在 B4 单元格中输入"1/3"后回车，观察显示内容，然后单击 B4 单元格，观察编辑栏中的显示内容。

（4）日期输入。

右击 B5 单元格，选择"设置单元格格式"命令，在弹出对话框的"数字"选项卡中选择"日期"，选择一种日期类型，单击"确定"按钮。在 B5 单元格中输入"1/3"后回车，观察显示内容，然后单击 B5 单元格，观察编辑栏中的显示内容。

（5）时间输入。

单击 B6 单元格，直接输入"1/3"后回车。右击 B6 单元格，选择"设置单元格格式"命令，在弹出对话框的"数字"选项卡中选择"时间"，选择一种时间类型，单击"确定"

按钮。观察 B6 单元格显示内容，然后单击 B6 单元格，观察编辑栏中的显示内容。

(6) 分数输入。

右击 B7 单元格，选择"设置单元格格式"命令，在弹出对话框的"数字"选项卡中选择"分数"，选择一种分数类型，单击"确定"按钮。在 B5 单元格中输入"1/3"后回车，观察显示内容，然后单击 B5 单元格，观察编辑栏中的显示内容。

(7) 公式输入。

单击 B8 单元格，直接输入"=4+5"后回车观察显示内容，然后单击 B8 单元格，观察编辑栏中的显示内容。

(8) 批注输入。

右击 A1 单元格，选择"插入批注"命令，在输入框中输入"数据格式对显示结果的影响。"如图 4-3 所示。在其他任意位置单击鼠标，可以看见 A1 单元格右上方显示一红色三角，表示该单元格有批注，将鼠标放置在该单元格上可显示批注内容。如需要对批注进行编辑，可在该上单击右键，选择"编辑批注"命令，即可对该单元格进行编辑。

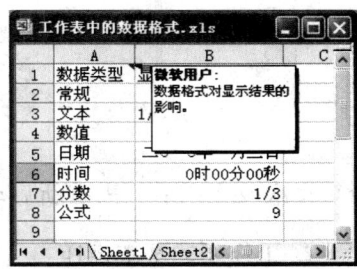

图 4-3　插入批注

3. 保存工作簿

单击"快速访问工具栏"中的"保存"按钮，或者"文件"菜单中的"保存"命令，或者按快捷键 Ctrl+S 即可。

如果要将修改后的工作簿存为另一个文件，则需选择"文件"菜单中的 "另存为"命令，在弹出的"另存为"对话框中，确定"保存位置"和"文件名"后，单击"保存"按钮。

若没及时保存，在退出 Excel 2010 或关闭当前工作簿时，系统会弹出提示是否保存的对话框，单击"是"也可保存。

4.2　工作表的管理

实验目的
- 掌握如何修改工作表的默认数目
- 掌握工作表的基本操作，包括工作表的选择、插入、删除、重命名、移动、复制、隐藏和取消隐藏等

4.2.1　实验素材

本实验的实验素材，直接在 Excel 2010 中创建即可。

4.2.2　实验步骤

1. 修改默认工作表数目

Excel 2010 启动后，系统默认打开的工作表数目是 3 个，用户也可以改变这个数目：

单击"文件"菜单中的"选项"命令，打开"Excel 选项"对话框，再打开"常规"选项卡，在"新建工作表时"选项组中，改变"包含的工作表数"后面的数值，这样就设置了新建工作簿默认的工作表数目。如图 4-4 所示。

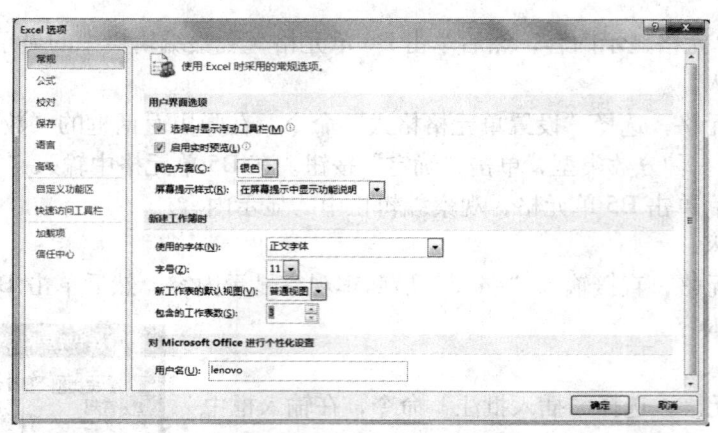

图 4-4　修改默认工作表数目

每次改变以后，需重新启动 Excel 2010 才能生效。

2. 工作表的基本操作

将"新工作簿内的工作表数"改为 9，然后新建一个文档。

（1）工作表的选择。

选择一个工作表：在新打开的 Excel 文档中，单击要选择的工作表标签（如 Sheet1）。

选择不连续的工作表：按住 Ctrl 键分别单击要选择的工作表标签，可同时选择不连续的多个工作表。

选择连续的工作表：单击某一个工作表标签，按住 Shift 键单击另一个工作表标签，可选择这两个工作表之间连续的几个工作表。

（2）插入新工作表。

方法一：首先单击插入位置右边的工作表标签，然后在"开始"选项卡的"单元格"选项组中，选择"插入"→"插入工作表"命令，新插入的工作表将出现在当前工作表之前。

方法二：右击插入位置右边的工作表标签，再选择快捷菜单中的"插入"命令，将出现"插入"对话框，选定"工作表"后单击"确定"按钮。

如果要添加多张工作表，则同时选定与待添加工作表相同数目的工作表标签，然后再单击"插入"菜单中的"工作表"命令。

（3）从工作簿中删除工作表。

方法一：选择要删除的工作表，在"开始"选项卡的"单元格"选项组中，选择"删除"→"删除工作表"命令。

方法二：右击要删除的工作表，选择快捷菜单的"删除"命令。

（4）重命名工作表。

方法一：双击相应的工作表标签，输入新名称覆盖原有名称即可。

方法二：右击将改名的工作表标签，然后选择快捷菜单中的"重命名"命令，最后输入新的工作表名称。

（5）移动或复制工作表。

用户既可以在一个工作簿中移动或复制工作表，也可以在不同工作簿之间移动或复制工作表。

1）在一个工作簿中移动或复制工作表。

方法一：拖动选定的工作表标签到目标位置；如果要在当前工作簿中复制工作表，则在拖动工作表的同时按住 Ctrl 键到目标位置。

方法二：右键单击工作表标签，选择"移动或复制"命令。

2）在不同工作簿之间移动或复制工作表。

打开用于接收工作表的工作簿。切换到包含需要移动或复制的工作簿框中，再选定工作表，右键单击工作表标签，选择"移动或复制"命令。出现如图 4-5 所示的"复制或移动工作表"对话框；在该对话框的"将选定工作表移至工作簿"下拉列表框中，选定用于接收工作表的工作簿；在该对话框的"下列选定工作表之前"下拉列表框中，单击需要在其前面插入移动或复制工作表的工作表（如果要复制而非移动工作表，则需要选中"建立副本"复选框）。

图 4-5 "复制或移动工作表"对话框

（6）隐藏工作表和取消隐藏。

1）隐藏工作表。

选定需要隐藏的工作表，右击工作表标签，选择"隐藏"命令即可隐藏该工作表。

2）取消隐藏。

右击任意工作表标签，选择"取消隐藏"命令，出现如图 4-6 所示的"取消隐藏"对话框。在该对话框的"取消隐藏工作表"列表框中，选中需要显示的被隐藏的工作表的名称，按"确定"按钮即可重新显示该工作表。

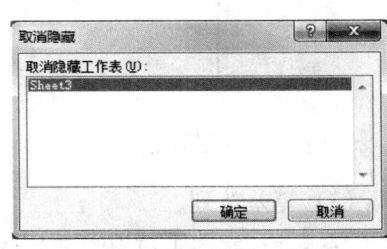

图 4-6 "取消隐藏"对话框

4.3　数据的填充与计算

实验目的
- 掌握工作表的自动填充功能，包含复制填充、自动增 1 填充、创建等差等比数列、创建自定义序列等
- 掌握工作表数据的计算方法，会使用公式和函数进行计算

4.3.1　实验素材

实验素材\ch3\成绩.xlsx

4.3.2　实验步骤

1. 数据的自动填充

Excel 2010 有自动填充功能，可以自动填充一些有规律的数据。如：填充相同数据，填充数据的等比数列、等差数列和日期时间序列等，还可以输入自定义序列。

（1）复制填充。

- 填充相同的数字型数据或不具有增减可能的文字型数据。

将鼠标移到初值所在的单元格填充柄上，当鼠标指针变成黑色"+"形状时，按住鼠标左键拖动到所需的位置，松开鼠标即可完成自动填充，如图 4-7 所示。拖动时，上下左右均可。

● 填充日期时间型数据及具有增减可能的文字型数据。

操作方法同前，但需要在拖动填充柄的同时要按住 Ctrl 键。

（2）填充自动增 1 序列。

● 填充相同的数字型数据或不具有增减可能的文字型数据。

将鼠标移到初值所在的单元格填充柄上，当鼠标指针变成黑色"+"形状时，按住 Ctrl 键的同时按住鼠标左键拖动到所需的位置，松开鼠标即可完成自动填充，如图 4-8 所示。拖动时，上下左右均可。

● 填充日期时间型数据及具有增减可能的文字型数据。

操作方法同前，但在拖动填充柄的同时不需要按住 Ctrl 键，如图 4-9 所示。

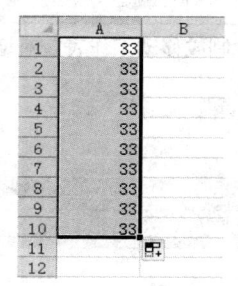

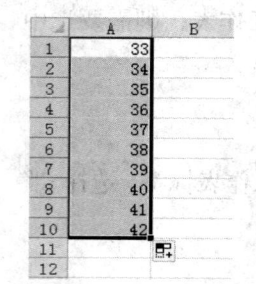

图 4-7　复制填充　　　　图 4-8　填充数字自动增 1　　　　图 4-9　填充日期自动增 1

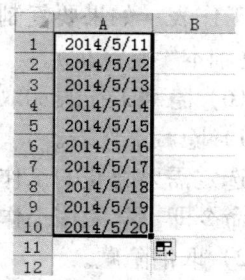

（3）等差数列。

方法一：先选定待填充数据区的起始单元格，输入序列的初始值，再选定相邻的另一单元格，输入序列的第二个数值。这两个单元格中数值的差额将决定该序列的增长步长。选定包含初始值和第二个数值的单元格，用鼠标拖动填充柄经过待填充区域。如果要按升序排列，则从上向下或从左到右填充。如果要按降序排列，则从下向上或从右到左填充。

方法二：先选定待填充数据区的起始单元格，输入序列的初始值，如 12，打开"开始"选项卡，在"编辑"选项组中单击"填充"→"系列"命令，打开"序列"对话框，如图 4-10 所示。在对话框中，将"序列产生在"设置为"列"，将"类型"设置为"等差序列"，将"步长值"设置为 2，将"终止值"设置为 20，然后单击"确定"按钮，就会看到图 4-11 所示的结果。

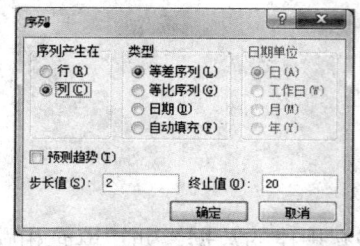

图 4-10　"序列"对话框　　　　图 4-11　等差数列

（4）等比数列。

方法一：先输入数列的前两个值，选定这两个值所在的单元格，按住鼠标右键拖动填充柄，在到达填充区域的最后单元格时松开鼠标右键，在弹出的快捷菜单中单击相应的命令，如图 4-12 所示。

方法二：请参照"等差数列"方法二。

（5）创建自定义序列。

用户可以通过工作表中现有的数据项或输入序列的方式创建自定义序列，并可以保存起来，供以后使用。

1）利用现有数据创建自定义序列。

如果已经输入了将要用作填充序列的数据清单，则可以先选定工作表中相应的数据区域，如图 4-13 所示。单击"工具"菜单中的"选项"命令，打开"Excel 选项"对话框，打开"高级"选项卡，在"常规"选项组中单击"编辑自定义列表"按钮，将会打开"自定义序列"，单击"导入"按钮，即可使用现有数据创建自定义序列，如图 4-14 所示。

图 4-12　等比数列填充

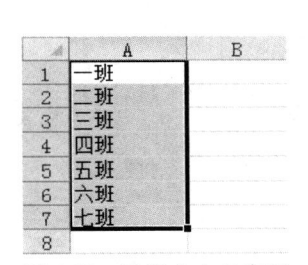

图 4-13　选择自定义序列

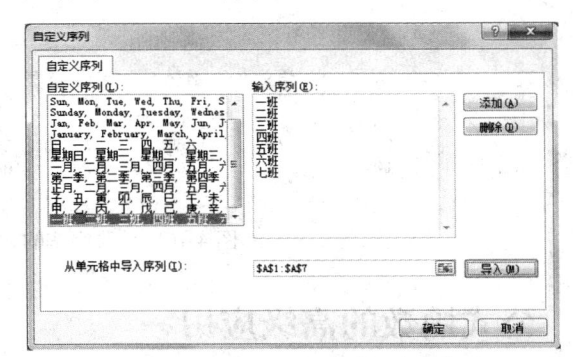

图 4-14　"自定义序列"选项卡

2）利用输入序列方式创建自定义序列。

选择图 4-14 中"自定义序列"列表框中的"添加"按钮，然后在"输入序列"编辑列表框中，从第一个序列元素开始输入新的序列。在输入每个元素后，按回车键。整个序列输入完毕后，单击"添加"按钮即可。

2．数据的计算

打开"实验素材\第 3 章\第 3 节\成绩.xlsx"工作簿，如图 4-15 所示，计算总分和平均分。

图 4-15　"成绩"表

（1）使用公式计算总分和平均分。

1）计算总分：在 F3 单元格输入"=B3+C3+D3+E3"后回车，即可计算出学号为 10001 的学生的总分 345，然后使用单元格的填充柄拖动到 F6，其他学生的总分则分别填入。

2）计算平均分：直接在 G3 单元格输入"=（B3+C3+D3+E3）/4"或"=F3/4"后回车，

即可计算出学号为 10001 的学生的平均分 86.25，然后使用单元格的填充柄拖动到 G6，其他学生的平均分则分别填入。

（2）使用函数计算总分和平均分。

1）计算总分：在 F3 单元格输入"=SUM（B3:E3）"后回车，即可计算出学号为 10001 的学生的总分 345，然后使用单元格的填充柄拖动到 F6，其他学生的总分则分别填入。也可选定 F3 单元格后，单击编辑栏中的 ƒ 按钮，在弹出的"插入函数"对话框中选择函数"SUM"，然后在"函数参数"对话框中输入"B3:E3"，单击"确定"，也可完成学号为 10001 的学生的总分计算。

2）计算平均分：在选定 G3 单元格后单击编辑栏中的 ƒ 按钮，在弹出的"插入函数"对话框中选择函数"AVERAGE"，然后在弹出的"函数参数"对话框中输入"B3:E3"，单击"确定"，即可完成学号为 10001 的学生的平均分计算。然后使用单元格的填充柄拖动到 G6，将其他学生的平均分则分别填入。最后保存文件，如图 4-16 所示。

	A	B	C	D	E	F	G
2	学号	语文	数学	劳动	思想品德	总分	平均分
3	10001	71	95	88	91	345	86.25
4	10002	91	70	92	93	346	86.5
5	10003	74	85	87	86	332	83
6	10004	89	80	97	96	362	90.5

图 4-16 计算完毕的"成绩"表

4.4 公式函数的高级应用

实验目的
- 初步掌握函数的组合应用技巧
- 掌握使用 DSUM 函数进行复杂条件汇总的方法
- 掌握 DSUM 函数各个参数的意义及使用方法

4.4.1 实验素材

实验素材\ch3\DSUM 函数应用.xlsx

4.4.2 实验步骤

Excel 2010 具有很强大的数据计算、处理、分析能力。不仅有常见的求和、求平均值功能，还具有从大量数据中得到满足复杂条件结果的功能，也就是强大的数据分析功能。

1. 数据计算

遇到某些特定问题的时候，经常会发现单一函数或功能无法完美解决该问题，这就需要我们综合应用 Excel 的各种功能和函数。，比如，计算 10 月 1 日到 10 月 7 日的订单总和。在这里要用到 DSUM 函数和条件区域。

首先打开 DSUM.xlsx 文件，可以看到一些销售数据，如图 4-17 所示。这里的数据是经过大幅简化的实际工作数据。实际工作的数据表，要比现在的数据表复杂得多，不仅店面数量多，产品线也很复杂，用到的条件也会复杂很多。

修改原始的数据表格，在原始数据区域下方的几个单元格中输入信息，并在 B16 和 C16 单元格中分别输入判定条件 ">=2012/10/1" 和 "<=2012/10/7"，如图 4-18 所示。

	A	B	C	D
1				
2	分店	日期	产品	销售额
3	一号店	2012/10/1	手机	15867
4	二号店	2012/10/1	平板电脑	35487
5	三号店	2012/10/3	打印机	9702
6	一号店	2012/10/5	手机	18988
7	三号店	2012/10/5	打印机	6754
8	二号店	2012/10/6	打印机	5409
9	二号店	2012/10/7	平板电脑	52876
10	一号店	2012/10/7	平板电脑	46755
11	一号店	2012/10/7	手机	26744
12	二号店	2012/10/9	手机	10762
13	三号店	2012/10/10	平板电脑	32111
14				
15				
16				

图 4-17　原始的数据表

	A	B	C	D
1				
2	分店	日期	产品	销售额
3	一号店	2012/10/1	手机	15867
4	二号店	2012/10/1	平板电脑	35487
5	三号店	2012/10/3	打印机	9702
6	一号店	2012/10/5	手机	18988
7	三号店	2012/10/5	打印机	6754
8	二号店	2012/10/6	打印机	5409
9	二号店	2012/10/7	平板电脑	52876
10	一号店	2012/10/7	平板电脑	46755
11	一号店	2012/10/7	手机	26744
12	二号店	2012/10/9	手机	10762
13	三号店	2012/10/10	平板电脑	32111
14				
15		日期	日期	销售额
16		>=2012/10/1	<=2012/10/7	

图 4-18　修改表格输入判定条件

> **提示：** 如果只有一个判定条件，那么可以使用 SUMIF 函数更为简便。但是 SUMIF 函数只能判定一个条件，而 DSUM 函数则可以从单元格区域中读取多个判定条件，使用起来更加灵活。

在 D16 单元格中输入 "=DSUM(A2:D13,D2,B15:C16)"，然后按 Enter 键确认，得到结果。

> **提示：** 相信大多数读者在第一次操作时，得到的结果是 0。这是因为一定要注意，B15 和 C15 中的文字并不是随意填写的，必须要与 B2 保持一致，即必须是 "日期"。

2. 扩展阅读

不小小看这短短的一段公式，里面包含的内容极为丰富。

- **公式解读**。这个公式的含义是，将 A2:D13 区域作为数据基础，根据 B15:C16 来筛选 D 列的数据，对满足条件的 D 列数据进行汇总。要注意的是，构成数据基础的单元格区域要包含列标题，这与数据库中的查询关键词很相似。
- **给条件区域命名**。有时为了方便也会给不同的条件区域命名，在使用 DSUM 函数时直接输入名称即可。比如，本例中，将条件区域命名为 "国庆节"。然后在 D16 单元格输入 "=DSUM(A2:D13,D2,国庆节)"。定义名称时，先选中要定义名称的区域，然后在 "公式" 选项卡的 "定义的名称" 选项组中单击 "定义名称" 按钮，然后设置名称即可。
- 在条件区域，也可以输入其他条件，满足不同需求的查询汇总。如图 4-19 所示。
- 现在条件区域 B15:C16 中的两个条件是 AND 关系，也就是 "与"，即必须同时满足 2 个条件才行。也可以使用 OR 关系，也就是 "或"，在输入条件时错行输入就可以了。如图 4-20 所示。

分店	产品	销售额
一号店	手机	61599

图 4-19　输入不同条件

分店	产品	销售额
一号店		119116
	手机	

图 4-20　OR 关系的条件

4.5 工作表的编辑

实验目的
- 熟练掌握工作表中数据的编辑（复制、移动、清除和修改等）及工作表的编辑（插入、删除单元格、行和列等）方法
- 掌握对工作表进行格式设置、排版、修饰的操作，使工作表美观悦目
- 了解工作表中锁定/冻结行或列、自动套用格式、条件格式等功能

4.5.1 实验素材

实验素材\ch3\奖学金.xlsx

4.5.2 实验步骤

1. 操作目标

打开"实验素材\奖学金.xlsx"，如图 4-21 所示，进行以下操作

（1）将表格标题设置成黑体、16 磅大小且居于表格的中央。

（2）使用 SUM 函数计算每个学生的总分，且按总分进行降序排序。

（3）填入奖学金列。1—2 名奖学金为 500 元，4—6 名为 400 元，7—10 名为 200 元，其他为 0 元，并且为"奖学金"列设置货币符号为：￥。

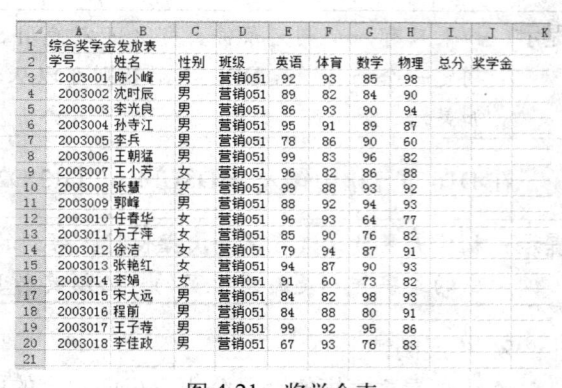

图 4-21 奖学金表

（4）将表格各栏列宽设置为 9。列标题行行高设置为 25，其余行高为 17。

（5）将单元格区域（A2:J20）中所有数据水平和垂直方向都居中，并将整个表格区域加上边框。

（6）对所有获得奖学金为 500 的同学的"姓名"列上插入批注,内容为"加油！继续努力"，且将这些学生的姓名改为红色字。

（7）将 A2:J2 单元格的底纹设置为浅蓝色。

2. 操作步骤

（1）设置标题。

方法一：在 Sheet1 中拖动选择 A1:J1 区域，在"字体"选项组中选择"黑体"，设置字号为"16"，然后单击"对齐方式"选项组中的"合并后居中"按钮，合并单元格使标题居于表格的中央。

方法二：在 Sheet1 中拖动选择 A1:J1 区域，在选定区域上单击右键，在弹出的快捷菜单中，设置字体为 "黑体"，设置字号为"16"。然后单击"对齐方式"选项组中的"合并后居中"按钮，合并单元格使标题居于表格的中央。

（2）计算总分。

第一步：单击 I3 单元格，单击编辑栏上的"插入函数"按钮 f_x，打开"插入函数"对话

框,选择"SUM",然后单击"确定"按钮。如图 4-22 所示。

第二步:在出现的"函数参数"对话框中输入正确的单元格区域(如自动显示正确,则不用进行输入操作),然后单击"确定"按钮。如图 4-23 所示。

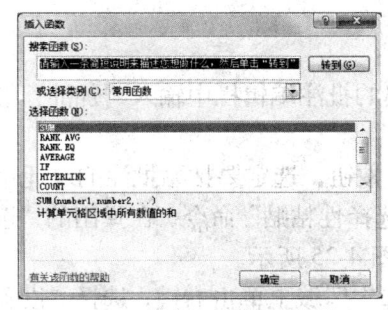

图 4-22 "插入函数"对话框

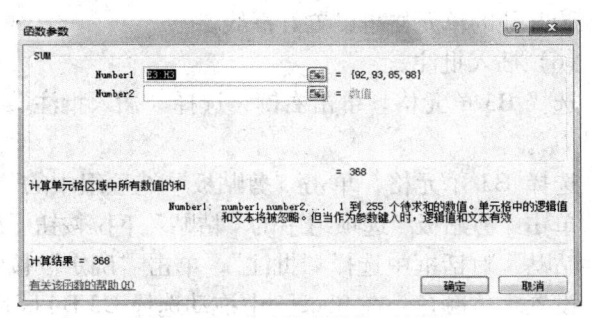

图 4-23 "函数参数"对话框

第三步:鼠标指向 I3 单元格右下角,出现黑十字时,按住鼠标左键,拖动到 I20 单元格。

排序:

方法一:单击 I2 到 I20 区域内的任意单元格,单击"编辑"选项组上的"排序和筛选"按钮,在弹出菜单中选择"降序"命令。

方法二:单击 I2 到 I20 区域内的任意单元格,单击"编辑"选项组上的"排序和筛选"按钮,在弹出菜单中选择"自定义"命令,打开"排序"对话框,在"主要关键字"下拉列表框中选择"总分"字段名,将"排序依据"设置为"数值",将"次序"设置为"降序",单击"确定"按钮。如图 4-24 所示。

图 4-24 "排序"对话框

(3)填入奖学金列。

在 J3 和 J4 单元格中输入 500,J5 到 J8 单元格中输入 400,J9 到 J12 单元格中输入 200,J13 到 J20 单元格中输入 0。

选择第 J 列,在选定区域上单击右键,选择"设置单元格格式",弹出"单元格格式"对话框,在"数字"标签栏中选择"货币",在右侧的"小数位数"设为 0,"货币符号"选择¥,单击"确定"按钮。

(4)设置列宽与行高。

选择第 A 列到第 J 列,在选定区域的任意位置单击右键,选择"列宽",在弹出框的"列宽"中输入 9。

选择第 1 行,在选定区域的任意位置单击右键,选择"行高",在弹出框的"行高"中输入 25。选择第 2 行到第 20 行,在选定区域的任意位置单击右键,选择"行高",在弹出框的"行高"中输入 17。

(5)设置居中。

在 Sheet1 中拖动选择 A2:J2 区域,在选定区域上单击右键,选择"设置单元格格式",弹出对话框。选择对话框的"对齐"选项卡,在"水平对齐"和"垂直对齐"选项中均选择"居中"。单击"确定"按钮。

设置边框：在 Sheet1 中拖动选择 A1:J2 区域，在选定区域上单击右键，选择"设置单元格格式"，弹出对话框。选择对话框的"边框"选项卡，在"预置"区域选择"外边框"和"内部"，单击"确定"按钮。或直接单击"字体"选项组中的"边框"按钮，选择"所有框线"。为其他的单元格也设置好框线。

（6）插入批注。

选择 B3 单元格，单击右键，选择"插入批注"，在弹出的批注编辑栏中输入"加油！继续努力"。

选择 B3 单元格，单击"剪贴板"选项组中的"复制"按钮；选定要粘贴批注的单元格 B4，单击"剪贴板"选项组中的"粘贴"下拉按钮，选择"选择性粘贴"命令，在弹出的"选择性粘贴"对话框中选择"批注"，单击"确定"按钮。如图 4-25 所示。

设置字体颜色：在 Sheet1 中拖动选择 B3:B4 区域，在选定区域上单击右键，选择"设置单元格格式"，弹出对话框。选择对话框中的"字体"选项卡，在"颜色"选项中选择"红色"。或直接选择"字体"选项组中"字体颜色"按钮的向下三角，选择"红色"。

（7）设置底纹

在 Sheet1 中拖动选择 A2：J2 区域，在选定区域上单击右键，选择"设置单元格格式"，弹出对话框。选择对话框中的"填充"选项卡，在"颜色"选项中选择"浅蓝色"，单击"确定"按钮。

编辑完毕后奖学金表如图 4-26 所示。

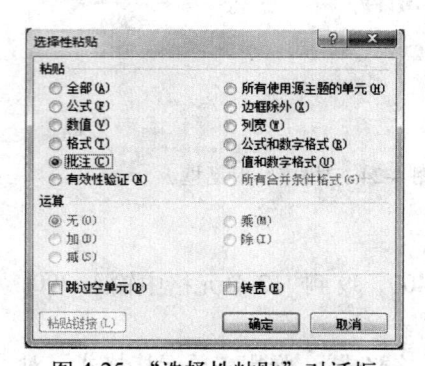

图 4-25 "选择性粘贴"对话框

图 4-26 修改完毕的奖学金表

3. 编辑修改

（1）插入一行、一列、几行或几列。

选择第一行，在"单元格"选项组中单击"插入"按钮，选择"插入工作表行"命令，即在此行上方插入一行。选择 A1 单元格，输入"计算机书籍销售周报表"。

选择一列，可在此列右侧插入一列，与插入一行类似。

选择几行或几列，可插入几行或几列。

（2）删除一行、一列、几行或几列。

选择新插入的行或列，使用"单元格"选项组中的"删除"按钮，即可将其删除。

（3）行或列的隐藏。

行或列的隐藏有三种：

方法一：右击需要隐藏的行号/列标，在弹出的快捷菜单中单击"隐藏"命令。

方法二：选择要隐藏的行或列，在"单元格"选项组中单击"格式"按钮，在下拉菜单中选择"隐藏和取消隐藏"命令，然后在下级菜单中选择对应的隐藏行列命令。

方法三：将指针指向要隐藏的行号下边界或列标右边界，使用鼠标向上或向右拖动，直到行高或列宽为 0。

请分别用上述三种方法隐藏 Sheet1 工作表中的第 6 行、第 9 行和第 G 列。

与此对应，显示被隐藏的行或列也有三种方法。分别用对应的方法显示被隐藏的第 6 行、第 9 行和第 G 列。

（4）锁定/冻结行或列。

冻结行：选定 Sheet1 工作表的 A3 单元格，打开"视图"选项卡，选择"冻结窗格"→"冻结拆分窗格"命令将 1、2 行冻结。拖动垂直滚动条向下移，观察冻结的效果。

冻结列：临时取消第一行的合并状态，选定 Sheet1 工作表的 B1 单元格，选择"冻结窗格"→"冻结拆分窗格"命令将第 1 列冻结。拖动水平滚动条向右移，观察冻结的效果。

冻结表格中部的行和列：选定 Sheet1 工作表的 B3 单元格，选择"冻结窗格"→"冻结拆分窗格"命令将第 1、2 行和第 1 列冻结。拖动滚动条向右移，观察冻结的效果。

取消冻结：选择"冻结窗格"→"取消冻结窗格"命令的将其撤销。

（5）自动套用格式。

在 Sheet1 中拖动选择 A2:G13 区域，在"样式"选项组中单击"单元格样式"按钮，选择"强调文字"样式，观察效果。

（6）条件格式。

在 Sheet1 中拖动选择 E3:I20 区域，单击"样式"选项组中的"条件格式"按钮，选择"突出显示单元格规则"→"其他规则"命令，在弹出窗口中依次设置"单元格数值"、"小于或等于"、"70"，单击"格式"按钮，在弹出的"创建单元格格式"对话框中，设置"字形"为"加粗"，设置"颜色"为"红色"，单击"确定"按钮，如图 4-27 所示。

修改完毕后的表格如图 4-28 所示。

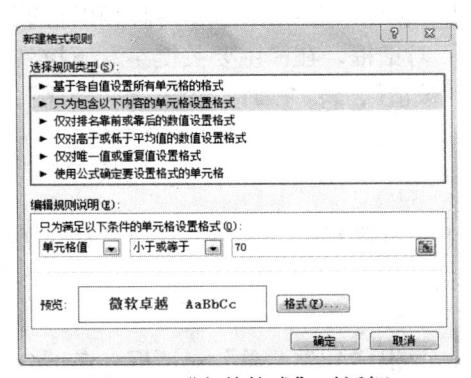

图 4-27 "条件格式"对话框　　　　图 4-28 修改后的奖学金表

4.6 数据库管理功能

实验目的

- 掌握"记录单"命令的启动方法

- 熟练掌握数据的排序操作
- 掌握对数据清单进行汇总的操作
- 掌握数据的筛选操作

4.6.1 实验素材

实验素材\ch3\家电销售情况.xlsx

4.6.2 实验步骤

打开"实验素材\ch3\家电销售情况.xlsx",进行以下操作。

1. 数据清单

"记录单"命令具有比较形象的数据库功能,可以对数据进行查看、添加、删除等操作。

应用"记录单"命令:在"Excel 选项"对话框中打开"快速访问工具栏"选项卡,在"从下列位置选择文件"下拉菜单中选择"不在功能区中的命令",然后选择"记录单"命令,单击"添加"按钮将其添加到右侧窗格,再单击"确定"按钮。"记录单"命令被添加到"快速访问工具栏"了,单击该按钮就会打开"记录单"对话框,如图 4-29 所示。

图 4-29 "记录单"对话框

2. 排序

对"家电销售情况"的数据清单按"销售额"进行降序排序。

方法一:单击 E3 到 E13 区域内的任意单元格,单击"编辑"选项组上的"排序和筛选"按钮,在弹出菜单中选择"降序"命令。

方法二:单击 E3 到 E13 区域内的任意单元格,单击"编辑"选项组上的"排序和筛选"按钮,在弹出菜单中选择"自定义"命令,打开"排序"对话框,在"主要关键字"下拉列表框中选择"销售额"字段名,将"排序依据"设置为"数值",将"次序"设置为"降序",单击"确定"按钮。

3. 分类汇总

对"家电销售情况"的数据清单按"销售员"分类汇总(进行分类汇总前需要按相应关键字进行排序)。

第一步:用排序方法按照"销售员"进行排序。

第二步:选择"数据"菜单中的"分类汇总"命令,弹出"分类汇总"对话框。在"分类字段"中选择"售货员",这是要分类汇总的字段名;在"汇总方式"下拉列表框中选择"求和";在"选定汇总项"下面的列表框中选中"销售额"复选框;因为结果要显示在数据列表的下面,所以选中"汇总结果显示在数据下方"复选框,如图 4-30 所示。

第三步:定义完毕,单击"确定按钮",得到结果如图 4-31 所示。

图 4-30 "分类汇总"对话框　　　　图 4-31 "分类汇总"示例

4. 筛选

打开"家电销售情况"的 Sheet2 工作表进行筛选，并按"数量"自定义筛选方式：大于等于 2。

第一步：单击 Sheet2 数据清单中任一单元格，在"编辑"选项组中，单击"排序和筛选"按钮，在弹出菜单中"筛选"命令，观察数据清单的变化。

第二步：单击数据清单中 D3 的下拉箭头，选择"数字筛选"→"自定义筛选"，弹出"自定义自动筛选方式"对话框，选择"大于或等于"，输入"2"，如图 4-32 所示，单击"确定"按钮，筛选出数量大于等于 2 的记录。

筛选完毕后结果如图 4-33 所示。

图 4-32 自定义自动筛选方式　　　　图 4-33 筛选结果

4.7　图表的创建与编辑

实验目的

● 掌握图表的创建与编辑方法

4.7.1　实验素材

实验素材\ch3\销售额表.xlsx

4.7.2　实验步骤

打开"实验素材\ch3\销售额表.xlsx"，进行以下操作。

1. 建立图表

第一步：在 Sheet1 中拖动选择用于创建图表的数据区域 A2:E6。

第二步：打开"插入"选项卡，在"图表"选项组中单击"柱形图"按钮，然后选择"所有图标命令"，打开如图 4-34 所示的对话框。

第三步：在左侧窗格选择一种类型，如选择"柱形图"，右侧列表中会显示出全部柱形图的参考图，选择一种，单击"确定"按钮，如图 4-35 所示。

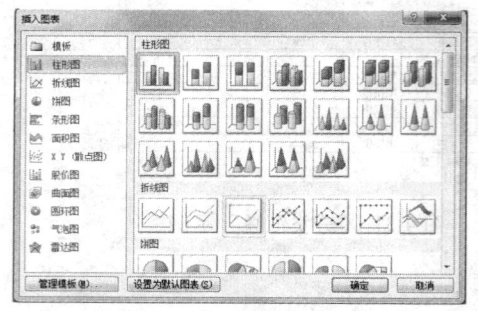

图 4-34 "插入图表"对话框

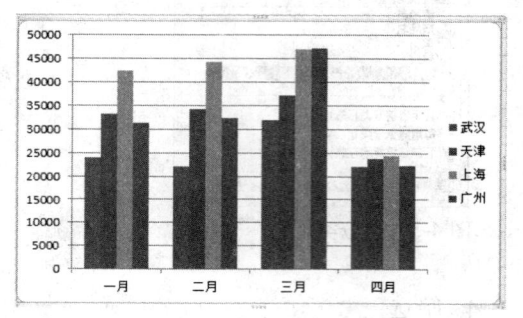

图 4-35 新建立的图表

第四步：在图表上右击，在弹出的快捷菜单中选择"选择数据"命令，打开"选择数据源"对话框，在此可以对图表中的图例、轴标签、数据进行修改，如图 4-36 所示。

2. 编辑图表

双击生成图表的标题、图例、分类轴、网格线或数据系列的不同部分，就会出现用于设置格式的对话框，图 4-37 为双击柱形图

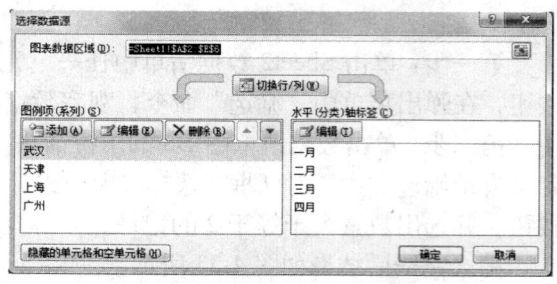

图 4-36 "选择数据源"对话框

出现的格式设置对话框，图 4-38 为双击坐标轴出现的格式设置对话框，图 4-39 为双击网格线出现的格式设置对话框。此外，还可以对绘图区、数据点、图例、标题等不同内容分别设置格式。

图 4-37 设置数据系列格式　　图 4-38 设置坐标轴格式　　图 4-39 设置网格线格式

4.8 文档的设置与打印

实验目的

- 掌握页面设置方法（包括设置页面、页边距、页眉页脚、工作表等）及工作表的打印方法

4.8.1 实验素材

实验素材\ch3\奖学金.xlsx

4.8.2 实验步骤

打开"实验素材\ ch3\奖学金.xlsx",进行以下操作。

1. 设置页面

打开"页面布局"选项卡,单击"页面设置"选项组中的"选项"按钮,打开"页面设置"对话框,将"页面"选项卡中的"方向"设置为"横向",在"缩放"中选择"缩放比例"单选按钮,在其右侧的文本框中选择 100%正常尺寸,在"纸张大小"下拉列表框中选择 A4 纸。如图 4-40 所示。

2. 设置页边距

在"页面设置"对话框中,打开"页边距"选项卡,进行以下设置。

第一步:将上、下边距设置为 2.5cm,左、右边距设置为 2cm。

第二步:将页眉、页脚设置为 1.3cm。

第三步:在"居中方式"选项组选中"水平"复选框。如图 4-41 所示。

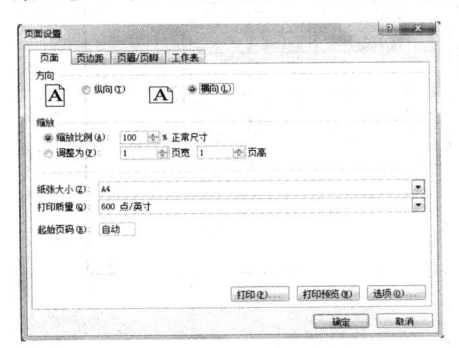

图 4-40 "页面"选项卡

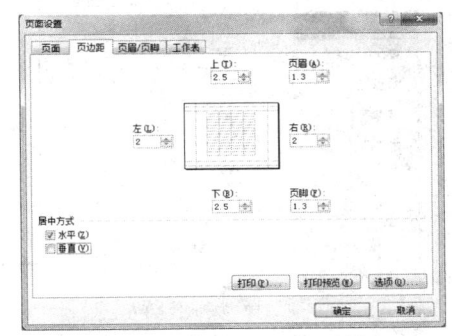

图 4-41 "页边距"选项卡

3. 设置页眉页脚

在"页面设置"对话框中,单击"页眉/页脚"选项卡,进行以下设置。

第一步:单击"自定义页眉"按钮,出现"页眉"对话框,在"左"文本框中输入"共 页",将鼠标指针移动到"共"和"页"中间,单击"页眉"对话框中的"插入页数"按钮。按回车键换行,输入"制表人:王刚"。

第二步:将鼠标指针移动到"中"文本框,单击"页眉"对话框中的"插入数据表名称"按钮。

第三步:将鼠标指针移动到"右"文本框,输入"第页",将鼠标指针移动到"第"和"页"中间,单击"页眉"对话框中的"页码"按钮。按回车键换行,单击"页眉"对话框中的"日期"按钮。如图 4-42 所示。

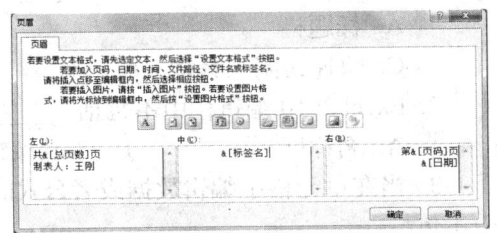

图 4-42 "页眉"对话框

第四步:单击"确定"按钮,返回"页眉设置"对话框。

4. 设置工作表

在"页面设置"对话框中，单击"工作表"选项卡，进行以下设置。

选择"打印区域"为 A1:J20，选择"打印标题"区中的"顶端标题行"为"$1:$1"，在"打印顺序"选项组选择"先行后列"单选按钮，单击"确定"按钮。如图 4-43 所示。

5. 打印预览

回到工作表，选择"文件"菜单中的"打印"命令，显示页面如图 4-44 所示，可以看到预览的效果。

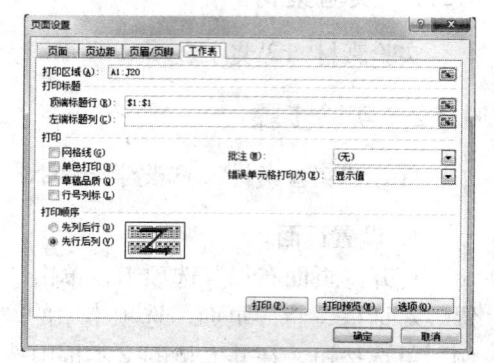

图 4-43 "工作表"对话框

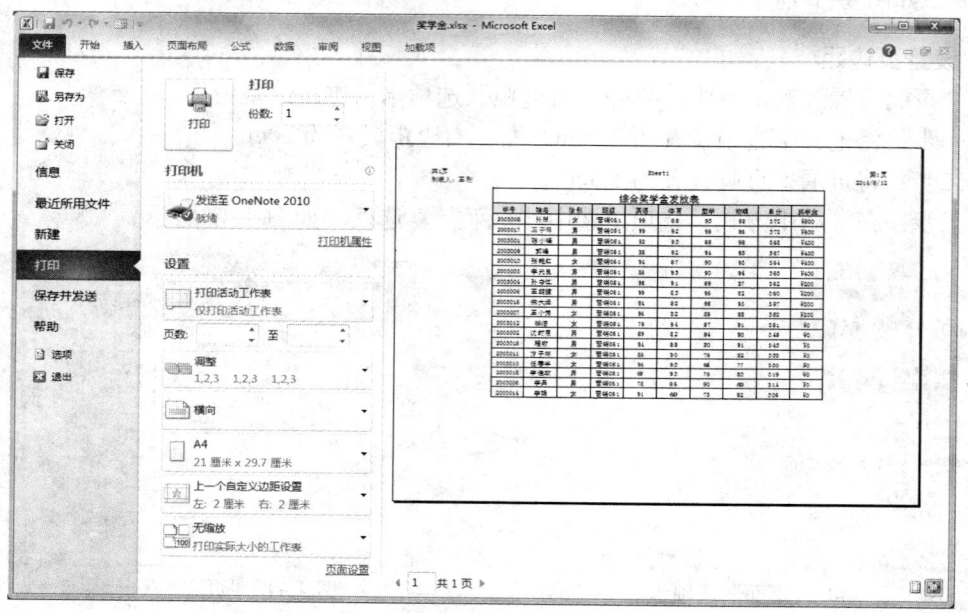

图 4-44 打印预览效果

4.9 本章习题

一、单项选择题

1. 与 Word 2010 相比较，下列_____是 Excel 2010 中所特有的。
   A. 标题栏　　　　　　　　　　　B. 选项卡
   C. 快速访问工具栏　　　　　　　D. 编辑栏

2. Excel 2010 编辑栏中不包括_____。
   A. 名称框　　B. 工具按钮　　C. 函数框　　D. 编辑区

3. 当在单元格中编辑数据或者公式时，名称框右侧的工具按钮区就会出现相应按钮，其中不包括_____。
   A. "取消"按钮　　　　　　　　　B. "输入"按钮
   C. "插入函数"按钮　　　　　　　D. "确认"按钮

4. 在 Excel 2010 中，运算符"&"表示_____。
   A. 逻辑值的与运算　　B. 子字符串的比较运算
   C. 数值型数据的无符号相加　　D. 字符型数据的连接

5. 在 Excel 2010 中，工作表编辑区最左上角的方框称为_____。
   A. "全选"按钮　　B. 没用　　C. 单元格　　D. "确认"按钮

6. 关于 Excel 2010 工作簿和工作表，下列说法错误的是_____。
   A. 工作簿就是 Excel 文件
   B. 工作簿是由工作表组成的，每个工作簿都可以包含多个工作表
   C. 工作表和工作簿均能以文件的形式存盘
   D. 工作表是一个由行和列交叉排列的二维表格

7. Excel 的工作表纵向为列，每列用字母标识，称作列标。横向为行，每行用数字标识，称作行号。每个行列交叉部分称为____。
   A. 工作表　　B. 工作簿　　C. 单元格　　D. 域

8. Excel 2010 中，使用公式进行自动填充时，应在公式中键入单元格的_____。
   A. 数据　　B. 地址　　C. 批注　　D. 格式

9. 系统默认打开的工作表数目和在"文件"菜单中显示的最近使用过的文件数目都是通过____菜单下的"选项"命令来设置的。
   A. 文件　　B. 视图　　C. 工具　　D. 窗口

10. 在 Excel 2010 中，打开一个磁盘上已有的工作簿 Xue.xlsx，编辑完后，单击文件菜单中的"保存"则_____。
    A. 工作簿内容被更新，保存位置为"我的文档"，工作簿名称不变
    B. 工作簿内容不变，保存位置为"我的文档"，工作簿名称不变
    C. 工作簿内容被更新，保存位置不变，工作簿名称不变
    D. 工作簿内容被更新，保存位置不变，工作簿名称改为 XUE（2）.XLSX

11. 在 Excel 2010 中，单元格区域 C4:E6 包含_____个单元格。
    A. 9　　B. 15　　C. 18　　D. 24

12. 在 Excel 工作表中，先选定第一个单元格 A3，然后按住 Ctrl 键再选定单元格 D6，则完成的工作是_____。
    A. 选定 A3:D6 单元格区域　　B. 选定 A3 单元格
    C. 选定 D6 单元格　　D. 选定 A3 和 D6 两个单元格

13. 在 Excel 2010 单元格中，输入"2/6"确认后，单元格显示_____。
    A. 1/3　　B. 2/6
    C. 2 月 6 日　　D. 当前系统日期和时间

14. 在 Excel 2010 中，如果当前单元格中有内容并且有一定的格式，经下列操作后，能够在原单元格中输入数据，但不保留原格式的是_____。
    A. 单击"编辑"选项组中的"清除"中的"全部清除"命令
    B. 单击"编辑"选项组中的"清除"中的"清除内容"命令
    C. 按 Del 键
    D. 单击"单元格"选项组中的"删除"按钮

15. 在 Excel 2010 中，下列运算符中不属于引用运算符的是_____。

A. 空格　　　　　　B. ：(冒号)　　　　C. ，(逗号)　　　　D. &

16. 在 Excel 2010 中，A3 到 D7 区域中的单元格中均有数值型数据，SUM（A3:D6,C4:D7）表示的是求_____个数据的和。

　　A. 16　　　　　　B. 8　　　　　　C. 24　　　　　　D. 6

17. 绝对单元格引用的形式是在每一个列标及行号前加一个_____符号。

　　A. &　　　　　　B. $　　　　　　C. %　　　　　　D. ！

18. 在 Excel 2010 中，下列公式中，_____的结果不同于其他三个。

　　A. =A1＋B1＋C1＋A2＋B2＋C2　　　　B. =SUM（A1:C2）

　　C. =SUM（A1:B2,B1:C2）　　　　　　　D. =SUM（A1:C2，A1:E7）

19. 在 Excel 2010 中，关于批注，下列说法错误的是_____。

　　A. 批注可以删除

　　B. 批注可以重新编辑

　　C. 不可以隐藏批注

　　D. 批注可通过"复制"，"选择性粘贴"实现单独复制

20. 在 Excel 2010 中，如果要把某一单元格中的内容"商品降价信息表"作为表格标题居中，最好采用_____。

　　A. "单元格格式"对话框设置　　　　B. 工具栏中的"合并及居中"

　　C. 使用"样式'来设置　　　　　　　D. 使用"自动套用格式"来设置

21. 如果要将某一列的列宽复制到其他列中，则选定该列中的单元格，并单击"剪贴板"选项组中的"复制"按钮，然后选定目标列，再选择"剪贴板"选项组中的_____命令。

　　A. 粘贴　　　　　B. 替换　　　　　C. 粘贴为超链接　　D. 选择性粘贴

22. 在 Excel 2010 中，若要删除自动套用格式而保留原有格式，最好采用_____。

　　A. 撤销　　　　　　　　　　　　　B. 自动套用格式中的"无"

　　C. 重新一步一步操作　　　　　　　D. 条件格式

23. 在 Excel 2010 中，使用"记录单"编辑记录时，下列_____操作不能实现。

　　A. 插入记录　　　B. 删除记录　　　C. 修改记录　　　D. 查找记录

24. 在 Excel 2010 中，下列_____方法不能完成列宽的改变。

　　A. 双击列标右边的边界

　　B. 拖动列标右边界来设置所需的列宽

　　C. 选定相应的列，将鼠标指向"格式"菜单中的"列"子菜单，然后选择"列宽"命令并输入所需的宽度（用数字表示）

　　D. "格式"菜单中的"自动调整"

25. 在 Excel 2010 的数据清单的"记录单"命令中不可以编辑的是_____。

　　A. 文字型数据　　B. 数值型数据　　C. 日期型数据　　D. 公式单元格

26. 关于 Excel 数据清单的排序，下列说法错误的是_____。

　　A. Excel 可以按字母、数字或日期等数据类型进行排序

　　B. 排序有"开序"和"降序"两种方式

　　C. 不可以使用一行数据作为一个关键字段进行排序

　　D. 可以使用一列数据作为一个关键字段进行排序

27. 在 Excel 的筛选中，各列的筛选条件之间的关系是_____关系。

A. 与 B. 或 C. 非 D. 没关系

28. 在 Excel 数据清单中，如果我们只想显示满足条件的所有记录，则应使用_____。
    A. 排序 B. 筛选 C. 记录单命令 D. 条件格式

29. 在 Excel 2010 的排序操作中，最多可以设置_____个关键字。
    A. 1 B. 2 C. 3 D. 4

30. 在 Excel 2010 中，关于分类汇总，下列说法错误的是_____。
    A. 分类汇总是把数据清单中的数据分门别类地进行统计处理
    B. 数据清单中必须包含带有标题的列
    C. 数据清单必须先对要分类汇总的列排序
    D. 分类汇总可进行的计算只有求和操作

31. 在 Excel 2010 中，下列关于图表的说法错误的是_____。
    A. 数据图表就是将单元格中的数据以各种统计图表的形式显示
    B. 图表的一种形式是嵌入式图表，它和创建图表的数据源放置在同一张工作表中
    C. 图表的另一种形式是独立图表，它是一张独立的图表工作表
    D. 当工作表中的数据发生变化时，图表中对应项的数据不会自动变化

32. 在 Excel 2010 中，当图表建好后，下列说法错误的是_____。
    A. 图表与建立它的工作表数据之间建立了动态链接关系
    B. 当改变工作表中的数据时，图表会随之更新
    C. 当拖动图表上的节点而改变图表时，工作表中的数据也会动态地发生变化
    D. 图表与建立它的工作表数据之间没有任何关系

33. 在 Excel 2010 中，下列方法不能激活图表的是_____。
    A. 单击嵌入式图表
    B. 单击工作簿底部工作表标签栏上的图表标签，可激活图表工作表
    C. 双击嵌入式图表
    D. 单击工作簿底部工作表标签栏上的含有嵌入式工作表的工作表标签

34. 在 Excel 2010 中，先激活图表，指向嵌入式图表时按住鼠标左键拖动然后松开，则_____。
    A. 嵌入式图表仅位置发生变化
    B. 嵌入式图表仅大小发生变化
    C. 嵌入式图表位置、大小均发生变化
    D. 嵌入式图表位置、大小均不发生变化

35. _____图表中的标题、图例、分类轴、网格线或数据系列等部分，打开相应的对话框，就可以在该对话框中进行图表格式设置。
    A. 鼠标指向 B. 鼠标单击 C. 鼠标双击 D. 鼠标三击

36. 在 Excel 2010 的"页面设置"中的"页面"选项卡中，不可以设置_____。
    A. 纸张方向 B. 缩放比例 C. 打印顺序 D. 打印质量

37. 在 Excel 2010 中，单击要插入分页符的行下面的行的行号，再选择"页面设置"选项组中的"分隔符'命令，可以插入_____。
    A. 水平分页符
    B. 垂直分页符
    C. 水平和垂直分页符
    D. 空行

38. 选择"视图"选项卡中的"分页预览",手动插入的分页符显示为_____。
    A. 虚线   B. 实线   C. 双下划线   D. 波浪线

39. 在 Excel 的打印预览状态下,不可以_____。
    A. 进行页面设置   B. 打印   C. 调整页边距   D. 改变数据字体

40. 在 Excel 中,选择"文件"菜单中的"打印"命令,直接使用 Excel 2010 默认的页面设置打印出该工作簿中的_____。
    A. 所有工作表   B. 当前工作表   C. 前三个工作表   D. 第一个工作表

41. 关于对象的链接,下列说法错误的是_____。
    A. 对象被链接后,被链接的信息保存在源文件中
    B. 目标文件中只显示链接信息的一个映像
    C. 保存在计算机或网络上的源文件必须始终可用
    D. 更改源文件中的原始数据,链接信息不会自动更新

42. 关于对象的嵌入,下列说法错误的是_____。
    A. 嵌入的对象保存在目标文件中,成为目标文件的一部分
    B. 更改原始数据时并不更新该对象
    C. 目标文件占用的磁盘空间和链接信息时相同
    D. 可用"复制"与"(选择性)粘贴"实现对象嵌入

43. 关于对象的嵌入和对象的链接,下列说法错误的是_____。
    A. 在目标文件中嵌入对象或链接对象,其同标对象的大小是一样的
    B. 如果在目标文件中嵌入对象,则源文件对象改变时,目标文件中的对象不变
    C. 如果在目标文件中链接对象,则源文件对象改变时,目标文件中也发生变化
    D. 对象被链接后,被链接的信息保存在源文件中,目标文件中只显示链接信息的一个映像

44. 在 Excel 2010 中,希望只显示数据清单"学生成绩表"中计算机文化基础课成绩大于等于 90 分的记录,可以使用_____命令。
    A. 查找   B. 自动筛选   C. 数据透视表   D. 全屏显示

45. 将 Excel 2010 的工作表单元格区域复制到 Word 2010 文档中,可以选择的形式不包括_____。
    A. 带格式文本(RTF)   B. 粘贴为表格
    C. 无格式文本   D. 演示文稿

46. Excel 2010 的主要功能有大型表格制作功能、图表功能和_____功能。
    A. 文字处理   B. 数据库管理
    C. 数据透视图报表   D. 自动填充

47. 下列有关 Excel 2010 的扩展名叙述错误的是_____。
    A. Excel 2010 工作簿的默认扩展名是 xlsx
    B. 系统允许用户重新命名扩展名
    C. 虽然系统允许用户重新命名扩展名,但最好使用默认扩展名
    D. Excel 2010 工作簿的默认扩展名是 xlt

48. 在 Excel 2010 中,下列叙述不正确的是_____。
    A. 工作簿以文件的形式存在磁盘上

B. 一个工作簿可以同时打开多个工作表
C. 工作表以文件的形式存在磁盘上
D. 一个工作簿打开的默认工作表数可以由用户自定,但数目根据硬件配置不同而存在上限

49. 下列 Excel 2010 的退出方法不正确的是_____。
  A. 单击 Excel 2010 窗口中标题栏最右端的"关闭"按钮
  B. 双击 Excel 2010 窗口中标题栏最左端的控制菜单图标
  C. 单击标题栏最左端的控制菜单目标,再单击其中的"关闭"命令
  D. 单击"文件"菜单中的"关闭"命令

50. Excel 2010 的工作表最多有_____行。
  A. 16   B. 32   C. 1024   D. 1048576

51. Excel 2010 的工作表最多有_____列。
  A. 16   B. 256   C. 1024   D. 16384

52. 在 Excel 2010 中,关于公式"=Sheet2!A1＋A2"的表述正确的是_____。
  A. 将工作表 Sheet2 中 A1 单元格的数据与本表单元格 A2 中的数据相加
  B. 将工作表 Sheet2 中 A1 单元格的数据与单元格 A2 中的数据相加
  C. 将工作表 Sheet2 中 A1 单元格的数据与工作表 Sheet2 中单元格 A2 中的数据相加
  D. 将工作表中 A1 单元格的数据与单元格 A2 中的数据相加

53. 在 Excel 2010 中,下列叙述错误的是_____。
  A. 单元格的名字是用行号和列标表示的。例如,第 12 行第 5 列的单元格的名字是 E12
  B. 单元格的名字是用行号和列标表示的。例如:第 12 行第 5 列的单元格的名字是 12E
  C. 单元格区域的表示方法是该区域的左上角单元格地址和右下角单元格地址中间加一个冒号":"
  D. D3:E6 表示从左上角 D3 到右下角 E6 的一片连续的矩形区域

54. 在 Excel 2010 中,关于打开工作簿,下列叙述错误的是_____。
  A. 所包含的工作表一同打开
  B. 不管同一个工作簿中包含多少个工作表,当前活动工作表只有一个
  C. 用鼠标单击某个工作表名,它就呈高亮度显示,成为当前活动工作表
  D. 因为屏幕范围有限,无法看到工作簿中其他工作表的内容

55. 在 Excel 2010 中,在单元格中输入字符串"=9＋6",输入方法是_____。
  A. 先输入一个单引号"'",然后输入"=9＋6"
  B. 直接输入"=9＋6"
  C. 先输入一个双引号""",然后输入"=9＋6"
  D. 在编辑栏中输入"=9＋6"

56. 在 Excel 2010 中,单元格中_____。
  A. 只能包含数字   B. 可以是数字、文字、公式等
  C. 只能包含文字   D. 只能包含公式

57. 在 Excel 2010 中,关于在单元格中输入公式 5^3 的方法,下列说法正确的是_____。

A. 输入一个单引号"'"，然后输入"5³"
B. 输入"=5^3"
C. 输入一个双引号"""，然后输入"5^3"
D. 在辑栏中输入"=5^3"

58. 在 Excel 2010 中，如果输入一串数字 250100，不把它看作数字型，而是文字型数据，则下列说法中正确的是_____。
    A. 先输入一个单引号"'"，然后输入"250100"
    B. 直接输入"250100"
    C. 输入一个双引号"""，然后输入一个单引号"'"和"250100"，再输入一个双引号"""
    D. 先输入一个双引号"""，然后输入"250100"

59. 在 Excel 2010 中，在单元格中输入分数"3/8"，输入方法是_____。
    A. 先输入"0"及一个空格，然后输入"3/8"
    B. 直接输入"3/8"
    C. 先输入一个单引号"'"，然后输入"=3/8"
    D. 在编辑栏中输入"3/8"

60. 在 Excel 2010 中，下列关于日期的说法错误的是_____。
    A. 输入"6-8"或"6/8"，回车后，单元格显示是 6 月 8 日
    B. 要输入 2002 年 11 月 9 日，输入"2002-11-9"或"2002/11/9"均可
    C. 要输入 2002 年 11 月 9 日，输入"11/9/2002"也可
    D. Excel 2010 中，在单元格中插入当前系统日期，可以按 Ctrl+;（分号）组合键

61. 下列关于时间的说法错误的是_____。
    A. 输入 2：48：02，表示上午 2：48：02
    B. 输入 2：48：02PM，表示下午 2：48：02
    C. 输入 2：48：02AM，表示上午 2：48：02
    D. 输入 14：25：23 和 2：25：23PM 不是一回事

62. 在 Excel 2010 中，下列属于文本运算符的是_____。
    A. ：   B. &   C. ()   D. $

63. 在 Excel 2010 中，下列属于算术运算符的是_____。
    A. =   B. $ C. %   D. &

64. 在 Excel 2010 中，下列不属于比较运算符的是_____。
    A. >=   B. ><   C. <=   D. =

65. 在 Excel 2010 中，下列不属于单元格引用符的是_____。
    A. ：   B. ；   C. 空格   D. ，

66. 在 Excel 2010 中，下列关于排序的说法错误的是_____。
    A. 要对某一列数据排序，需选中这一列，然后利用"数据"菜单中的"排序"命令进行
    B. 要对某一列数据排序，只需单击被排序的数据区域的任意单元格，然后再利用"数据"菜单中的"排序"命令进行
    C. 要对某一列数据排序，可以单击被排序的列中的任意单元格，然后再利用"数据"菜单中的"排序"命令进行

D. 要对某一列数据排序，可以单击被排序的列中的任意单元格，然后再单击"常用"工具栏中的"升序"或"降序"按钮即可

67. 在 Excel 2010 的数据清单中，若根据某列数据对数据清单进行排序，可以利用工具栏上的"降序"按钮，此时用户应先_____。

    A. 单击工作表标签   B. 选取整个工作表数据

    C. 单击该列数据中任一单元格   D. 单击数据清单中任一单元格

68. 在 Excel 2010 数据清单中，按某一字段内容进行归类，并对每一类作出统计的操作是_____。

    A. 分类排序   B. 分类汇总   C. 筛选   D. 记录单处理

69. 在 Excel 2010 中，清除和删除的意义_____。

    A. 完全一样

    B. 清除是指清除选定的单元格和区域内的内容、格式等，单元格依然存在，而删除则是将选定的单元格和单元格内的内容一并删除

    C. 删除是指对选定的单元格和区域内的内容作清除，单元格依然存在，而清除则是将选定的单元格和单元格内的内容一并删除

    D. 清除是指对选定的单元格和区域内的内容作清除，单元格的数据格式和附注保持不变，而删除则是将单元格和单元格数据格式和附注一并删除

70. 在 Excel 2010 中，当向单元格输入内容后，在没有任何设置的情况下_____。

    A. 全部左对齐   B. 数字、日期右对齐

    C. 全部右对齐   D. 全部居中

71. 在 Excel 2010 中，活动工作表_____。

    A. 有三个   B. 其个数由用户根据需要确定

    C. 只能有一个   D. 其个数由系统确定

72. 在 Excel 2010 中，新打开的工作簿中的工作表_____。

    A. 有三个   B. 其个数由用户根据需要确定

    C. 只能有一个   D. 其个数由系统确定

73. 在 Excel 2010 中，已打开的工作簿中的工作表数为 3 个，若将菜单栏中"工具"级联菜单"选项"对话框"常规"选项卡中的"新工作簿内的工作表数"改为 6，下列说法正确的是_____。

    A. 未关闭工作簿中的工作表数仍为 3 个

    B. 未关闭工作簿中的工作表数为 6 个

    C. 新打开的工作簿中的工作表数为 3 个

    D. 新建立的工作簿中的工作表数无法确定

74. Excel 2010 工作簿存盘时，默认扩展名为_____。

    A. ppt   B. xlsx   C. doc   D. txt

75. 在 Excel 2010 中，当公式中出现被零除的现象时，产生的错误值是_____。

    A. #N/A!   B. #DIV/0!   C. #NUM!   D. #VALUE!

76. 在 Excel 2010 中，若在某单元格插入函数 AVERAGE（D2：D4），该函数中对单元格的引用属于_____。

    A. 相对引用   B. 绝对引用   C. 混合引用   D. 交叉引用

77. 在 Excel 2010 中，若在某单元格插入函数 AVERAGE（＄D＄2：D4），该函数中对单元格的引用属于_____。

　　A. 相对引用　　　B. 绝对引用　　　C. 混合引用　　　D. 交叉引用

78. 在 Excel 2010 中，进行公式复制时，_____发生改变。

　　A. 相对地址中的地址偏移量　　　　B. 相对地址中所引用的单元格
　　C. 绝对地址中的地址表达式　　　　D. 绝对地址中所引用的单元格

79. 在 Excel 2010 中，假设当前工作簿已打开 5 个工作表，此时插入 1 个工作表，其默认工作表名为_____。

　　A. Sheet6　　　B. Sheet（5）　　　C. Sheet5　　　D. 自定

80. 在 Excel 2010 中，假设当前工作簿已打开 8 个工作表（没有复制的工作表），此时将 Sheet5 复制一个副本，其副本默认工作表名为_____。

　　A. Sheet5　　　B. Sheet5（2）　　　C. Sheet9　　　D. 自定

81. Excel 2010 工作簿中既包含一般工作表又有图表，当执行"文件"菜单中的"保存"命令时，_____。

　　A. 只保存工作表
　　B. 只保存图表
　　C. 将工作表和图表作为一个文件来保存
　　D. 分成两个文件夹保存

82. 在 Excel 2010 中，若一个单元格区域表示为 D4:F8，则该单元格区域包含_____个单元格。

　　A. 4　　　B. 8　　　C. 32　　　D. 15

83. 在 Excel 2010 中，若按快捷键 Ctrl＋Shift＋；（分号），则在当前单元格中插入_____。

　　A. 系统当前日期　　　　B. 系统当前时间
　　C. ：（冒号）　　　　　D. 今天的北京时间

84. 在 Excel 2010 中，单元格区域"A1:C3，D3:E3"包含__个单元格。

　　A. 3　　　B. 9　　　C. 11　　　D. 14

85. 在 Excel2010 中，单元格区域"A1:C3，D3:E3"包含一个单元格。

　　A. 3　　　B. 9　　　C. 11　　　D. 14

86. 在 Excel 2010 中，若在某一工作表的某一单元格中出现错误值"#####"，可能的原因是_____。

　　A. 用了错误的参数或运算对象类型，或者公式自动更正功能不能更正公式
　　B. 单元格所含的数字、日期或时间比单元格宽，或者单元格的日期时间公式产生了一个负值
　　C. 公式中使用了 Excel 2010 不能识别的文本
　　D. 公式被零除

87. 在 Excel 2010 中，若在某一工作表的某一单元格出现错误值"#VALUE!"，可能的原因是_____。

　　A. 公式被零除
　　B. 单元格所含的数字、日期或时间比单元格宽，或者单元格的日期时间公式产生了一个负值

C. 公式中使用了 Excel 2010 不能识别的文本
D. 使用了错误的参数或运算对象类型，或者公式自动更正功能不能更正公式

88. 在 Excel 2010 中，若在某一工作表的某一单元格中出现错误值"#NAME?"，可能的原因是_____。
    A. 用了错误的参数或运算对象类型，或者公式自动更正功能不能更正公式
    B. 单元格所含的数字、日期或时间比单元格宽，或者单元格的日期时间公式产生了一个负值
    C. 公式中使用了 Excel 2010 不能识别的文本
    D. 公式被零除

89. 在 Excel 2010 中，若在某一工作表的某一单元格中出现错误值"#REF!"，可能的原因是_____。
    A. 用了错误的参数或运算对象类型，或者公式自动更正功能不能更正公式
    B. 单元格所含的数字、日期或时间比单元格宽，或者单元格的日期时间公式产生了一个负值
    C. 公式中使用了 Excel 2010 不能识别的文本
    D. 单元格引用无效

90. 在 Excel 2010 中，若在某一工作表的某一单元格中出现错误值"#NUM!"，可能的原因是_____。
    A. 用了错误的参数或运算对象类型，或者公式自动更正功能不能更正公式
    B. 公式或函数中某个数字有问题
    C. 单元格引用无效
    D. 公式被零除

91. 若要在工作表中的多个单元格内输入相同的内容，可先把它们选中后输入数据，然后_____。
    A. 按 Enter 键   B. 单击编辑栏上的"√"号
    C. 按 Ctrl+enter 键   D. 按 Alt+enter 键。

92. 在 Excel 中，a1:a4 单元格区域的但是"1，2，3，4"，单元格 b1 的公式为"=max(a1：a4)"，则 b1 单元格的值为_____。。
    A. 1   B. 2   C. 3   D. 4

93. 在 Excel 中，a1：a4 单元格区域的值是"1，2，3，4"，单元格 b1 的公式为"=MIN(a1：a4)"，则 b1 单元格的值为_____。
    A. 1   B. 2   C. 3   D. 4

94. 在 Excel 中，a1:a5 单元格区域的值是"1，2，3，4，5，，，单元格 b1 的公式为"=AVERAGE(a1：a5)"，则 b1 单元格的值为_____。
    A. 1   B. 2   C. 3
    D. 4   E. 5

95. 在 Excel 中，如果要输入分数 1/3，必须在前面加上_____符号。
    A. *   B. 0   C. -   D. '

96. 在 Excel 中，如果要输入字符串，可以使用的方法_____。
    A. 将单元格设成文本格式   B. 往前面加上'号

C. 在前面加上＝等号，文本要用双引号　　D. 上述说法都对

97. 在 Excel 中，a1:a4 单元格区域的值是"1, 2, 3, 4"，单元格 b1 的公式为"=SUM(a1：a4)"，则 b1 单元格的值为_____。

　　A. 10　　　　　　B. 24　　　　　　C. 3　　　　　　D. 4

98. 在 Excel 中，在单元格格式中设定小数位数为 2 位，则数值 1897.358 表示成_____。

　　A. 1897.358　　　B. 1897　　　　　C. 1897.36　　　D. 1897

99. 在创建公式时，要注意的是_____。

　　A. 公式前一定要加"符号"
　　B. 公式前一定要加"等号"
　　C. 公式一定要用引号引起来
　　D. 以上说法都不对

100. 某工作簿已设置了"打开"与"修改"两种密码，如果只知道其"打开"密码，那么_____。

　　A. 可打开该工作簿，也可以修改，但是不能按原文件名、原文件夹存盘；
　　B. 可打开该工作簿，一改动数据会出现报警信息；
　　C. 可在打开工作簿对话框中，看到该工作簿但是无法打开；
　　D. 可以打开该工作簿，只有原来设置密码时选中的工作表是只读的，其它工作表一样的可以修改。

二、多项选择题

1. Excel 2010 的启动有多种方法，下列方法能够启动 Excel 2010 的有_____。

　　A. 通过双击 Excel 2010 的桌面快捷方式启动
　　B. 单击"开始"菜单，指向"所有程序"→"Microsoft Office"，然后单击"Microsoft Excel 2010"命令启动
　　C. 通过打开 Excel 2010 文件启动
　　D. 通过"开始"菜单中的"运行"命令（在"运行"对话框中输入"Excel"）启动

2. 下列方法可以创建 Excel 工作簿的是_____。

　　A. 单击"开始"菜单，选择"运行"命令，在对话框中输入"Excel"，单击"确定"
　　B. 选择"文件'菜单中的"新建"命令
　　C. 通过"页面布局"选项卡中的相关命令
　　D. 通过"插入"选项卡中的相关命令

3. 下列_____操作是关闭工作簿，而不是退出 Excel。

　　A. 在当前工作簿处于最大化时，单击菜单栏最右端的"关闭窗口"按钮
　　B. 在当前工作簿处于非最大化时，单击当前工作簿标题栏最右端的"关闭"按钮
　　C. 单击 Excel 2010 窗口中标题栏最右端的"关闭"按钮
　　D. 单击标题栏最左端的控制菜单图标，再单击其中的"关闭"命令

4. 在 Excel 2010 工作簿中，可以_____。

　　A. 删除工作表　　　　　　　　　　B. 可以一次插入多张工作表
　　C. 允许同时在多张工作表中输入数据　　D. 移动或复制工作表

5. 在 Excel 2010 中，默认状态下，单元格中右对齐的是_____。

　　A. 字符型数据　　　　　　　　　　B. 数值型数据
　　C. 日期和时间型数据　　　　　　　D. 文字型数据

6. Excel 2010 有自动填充功能，可以完成_____。
   A. 填充相同的数据   B. 填充数值的等比数列
   C. 填充自己定义的序列   D. 填充日期时间型序列
7. Excel 2010 对单元格数据的格式化操作也可使用_____方法。
   A. "设置单元格格式"对话框
   B. "开始"选项卡
   C. 格式刷复制
   D. 通过"页面布局"选项卡中的相关命令
8. 在 Excel 2010 的"设置单元格格式"对话框中的"对齐"选项卡中，可以完成_____。
   A. 数据的水平对齐   B. 数据的垂直对齐
   C. 选择是否合并单元格   D. 文字方向的设置
9. 单元格的数据格式定义包括_____。
   A. 数字   B. 对齐   C. 字体   D. 边框
10. 在 Excel 2010 中，下列关于数据清单的说法正确的是_____。
    A. 具有二维表性质的电子表格在 Excel 中被称为数据清单
    B. Excel 2010 会自动将数据清单视作数据库
    C. 数据清单中的列标志是数据库中的字段名称
    D. 数据清单中的每一列对应数据库中的一条记录
11. 在 Excel 2010 中，创建数据清单必须遵守的规则包括_____。
    A. 数据清单是一片连续的数据区域，不允许出现空行和空列
    B. 每一列包含相同类型的数据
    C. 在修改数据清单之前，要确保隐藏的行和列已经被显示。如果清单中的行和列未被显示，那么数据有可能会被删除
    D. 数据清单中的列标可以和数据清单中的其他数据具有相同的格式
12. 利用 Excel 2010 中的"记录单"命令，可以_____。
    A. 查看编辑记录   B. 删除记录
    C. 新建记录   D. 知道清单记录数
13. 在 Excel 2010 中，关于批注，可以_____。
    A. 查看批注   B. 复制批注   C. 清除批注   D. 编辑批注
14. 在 Excel 2010 中建立图表时，可以_____。
    A. 设定图表的标题   B. 设定图例的位置
    C. 设定图表的类型   D. 设定图表的网格线
15. 建立好图表后，用户可以修改图表的_____。
    A. 大小   B. 类型
    C. 数据系列   D. 标题文字大小
16. 在 Excel 2010 的页面设置中，我们可以设置_____。
    A. 纸张的大小   B. 页边距
    C. 页眉页脚   D. 正文字体大小
17. 在 Excel 2010 中打印工作表时，可打印_____。
    A. 顶端标题行   B. 左端标题列

C. 行号和列标   D. 批注

18. 在 Excel 2010 中，包含的运算符有_____。
    A. 算术运算符   B. 比较运算符   C. 文本运算符   D. 引用运算符
19. 向 Excel 2010 工作表的任一单元格输入内容后，都必须确认后才认可。确认的方法有_____。
    A. 双击该单元格   B. 按回车键
    C. 单击另一单元格   D. 按光标移动键
    E. 单击编辑栏中的"√"按钮
20. 退出 Excel 2010 的方法有_____。
    A. 双击 Excel 控制菜单图标
    B. 单击"文件"菜单里的"退出"命令
    C. Ctrl + F4
    D. 单击"文件"菜单里的"关闭"或"关闭文件"命令
21. 在 Excel 2010 中，下列叙述正确的是_____。
    A. Excel 是一种表格式数据综合管理与分析系统，并实现了图、文、表完美结合
    B. 在 Excel 的数据库工作表中，"数据"菜单的"记录单"命令可以用来插入、删除或修改记录数据，但不能直接修改公式字段的值
    C. 在 Excel 中，图表一旦建立，其标题的字体、字形是不可改变的
    D. 若将表格的前 3 列冻结，则应选定 D 列，然后选择"窗口"菜单中的"冻结窗格"命令
22. 在 Excel 2010 电子表格中，设 A1、A2、A3、A4 单元格中分别输入了"3"、"星期三"、"5x"、"2002-4-13"，则下列可以进行计算的公式是_____。
    A. =A1^5   B. =A2+1   C. =A3+6x+1   D. =A4+1
23. 在 Excel 2010 中，下列有关图表的叙述正确的是_____。
    A. 图表的图例可以移动到图表之外
    B. 选中图表后再键入文字，则文字会取代图表
    C. 图表绘图区可以显示数据值
    D. 一般只有选中了图表才会出现"图表"菜单
24. 在 Excel 2010 中，公式或函数对单元格的引用包括_____。
    A. 相对引用   B. 绝对引用   C. 交叉引用   D. 混合引用
25. 在 Excel 2010 中，下列_____输入方式输入的是日期时间型数据。
    A. 2004／09／05   B. 9／5   C. 5-SEP   D. SEP／5
26. 下列有关 Excel 2010 中选择单元格或单元格区域的操作正确的有_____。
    A. 按住 Ctrl 键并单击新选定区域的最后一个单元格，在活动单元格和所单击的单元格之间的矩形区域将成为新的选定区域，可增加或减少活动区域中的单元格
    B. 先选定第一个单元格或单元格区域，然后按住 Ctrl 键再选定其他的单元格或单元格区域，可选择不相邻的单元格或单元格区域
    C. 单击选定该区域的第一个单元格，然后拖动鼠标直至选定最后一个单元格，可选择某个单元格区域
    D. 单击选定该区域的第一个单元格，然后按住 Shift 键再单击该区域的最后一个单元

格（若此单元格不可见，则可以用滚动条使之可见），可选择较大的单元格区域

27. 在 Excel 2010 中，下列属于单元格引用运算符的有_____。
    A. ：（冒号）　　　　B. ，（逗号）　　　　C. ；（分号）　　　　D. 空格

28. 关于输入文本型数据，下列说法正确的是_____。
    A. 字母、汉字可直接输入
    B. 如果输入文本型数字，则必须先输入一个单引号
    C. 如果输入的首字符是等号，则必须先输入一个双引导
    D. 输入按钮不能用来确认数据

29. 在 Excel 2010 中，关于修改单元格中的数据，下列方法错误的是_____。
    A. 单击待修改数据所在的单元格，对其中的内容进行修改
    B. 选定单元格，然后在编辑栏中要修改字符的位置单击，最后输入新的内容即可
    C. 先选定单元格，然后选定编辑栏中要修改的字符，最后输入新的内容
    D. 双击待修改数据所在的单元格，对其中的内容进行修改

30. 在 Excel 2010 中，工作表的重命名方法有_____。
    A. 双击相应的工作表标签，输入新名称覆盖原有名称即可
    B. 单击相应的工作表标签，选择"文件"菜单中的"重命名"命令
    C. 单击相应的工作表标签，输入新名称覆盖原有名称即可
    D. 右击将改名的工作表标签，然后选择快捷菜单中的"重命名"命令，最后输入新的工作表名

31. 在 Excel 2010 中，行高的调整有以下_____方法。
    A. 拖动行标题的下边界来设置所需的行高
    B. 如果要将某一行的行高复制到其他行中，则选定该行中的单元格，并单击"常用"工具栏上的"复制"按钮，然后选定目标行，接着，选择"编辑"菜单中的"选择性粘贴"命令然后单击"行"选项
    C. 选定相应的行，右击行号，然后选择"行高"命令并输入所需的高度值（用数字表示）
    D. 双击行标题下方的边界，使行高适合单元格中的内容（行高的大小与该行字符的最大字号有关）

32. 在 Excel 2010 中，按一个字段的大小排序（此字段称为关键字段），下列方法正确的是_____。
    A. 单击数据清单中关键字段所在列的任一单元格，单击'排序和筛选"按钮，在弹出菜单中选择"升序"或"降序"命令
    B. 单击关键字段所在列的任一单元格，使用"排序和筛选"菜单中的"自定义排序"命令
    C. 单击数据清单中任一单元格，使用"数据"菜单中的"排序"命令
    D. 要对某一列数据排序，必须选中这一列，然后利用"数据"菜单的"排序"命令进行

33. 单击含有内容的单元格，将鼠标移动到填充柄上，当鼠标变成黑十字时，按住鼠标左键拖动到所需位置，所经过的单元格可能被填充_____。
    A. 相同的数字型数据

B. 不具有增减可能的文字型数据
C. 日期时间型自动增 1 序列
D. 具有增减可能的文字型自动增 1 序列

三、判断题

1. 在 Excel 2010 中，对工作表中的数据进行排序、分类汇总、统计和查询等操作属于 Excel 的数据处理和数据分析功能。
2. 在 Excel 2010 中，每个工作表都有一个名称，即工作表标签，其初始名为 Sheet1、Sheet2、Sheet3。
3. 启动 Excel 2010 后，默认情况下系统自动打开"开始工作"任务窗格。
4. 在 Excel 2010 中，不可以直接在编辑区对当前单元格进行输入和编辑操作。
5. Excel 的工作表最多可由 256 列和 65000 行构成。
6. 在 Excel 2010 中，工作簿一旦打开，它所包含的工作表就一同打开。
7. 在 Excel 2010 中，工作簿中包含的工作表个数不可以改变，只能有 3 个工作表。
8. Excel 2010 允许同时打开多个工作簿也可以同时对多个工作簿进行操作。
9. 在退出 Excel 2010 或关闭当前工作簿时，如果工作簿没保存，也不会有任何提示。
10. 单元格是工作表最基本的数据单元，也是电子表格软件处理数据的最小单位。
11. 在 Excel 2010 中，不管单元格内是否允许编辑，在编辑栏中一定可以编辑。
12. 如果在单元格中既输入日期又输入时间，中间没用空格隔开，则系统仍认为是日期时间型。
13. 在 Excel 2010 电子表中，可以一次插入多行或多个单元格。
14. 在 Excel 2010 中，用户既可以在一个工作表中进行查找和替换，也可以在多个工作表中进行查找和替换。
15. 在 Excel 中，不但能引用同一工作表中的单元格，还能引用不同工作表中的单元格，引用格式为：[工作簿名]+工作表名!+单元格引用。
16. Excel 2010 函数由函数名、括号和参数组成，当函数以公式的形式出现时，则应在函数名称前输入等号。
17. 在 Excel 2010 中，可以用复制的方法调整行高和列宽。
18. Excel 提供了多种已经设置好的表格格式，套用时不可以部分套用。
19. 不管是否有数据满足条件或是否显示了指定的单元格格式，条件格式在被删除前会一直对单元格起作用。
20. 在 Excel 2010 中，双击行标题下方的边界，可使行高适合单元格中的内容。
21. 单元格数据的格式化操作必须先选择要进行格式化的单元格或单元格区域，然后才能进行相应的格式化操作。
22. 在 Excel 2010 的数据清单中，数据前面或后面的空格不会影响排序与搜索。
23. 在工作表的数据清单与其他数据间至少应留出一个空列和一个空行，在执行排序、筛选或自动汇总等操作时，这将有利于 Excel 2010 检测和选定数据清单。
24. 在 Excel 2010 数据清单的"记录单"命令中删除的记录不可以再恢复。
25. 在 Excel 2010 的数据清单的"记录单"命令中新建的记录一定插在原记录后面。
26. 在 Excel 排序时，如果按多个关键字段的值排序，则在第一个关键字值相同的情况下，才会按第二个关键字值排序。

27. Excel 筛选与排序不同，筛选并不重排清单，只是暂时隐藏不必显示的行。

28. 在 Office 中，对象被链接后，被链接的信息保存在源文件中，目标文件中只显示链接信息的一个映像，它只保存原始数据的存放位置。

29. 在 Office 中，嵌入的对象保存在目标文件中，成为目标文件的一部分，相当于插入了一个副本。

30. Office 2010 应用程序与 Windows 或其他支持 OLE 的程序之间都可以交换数据。

31. 当源文件中的对象被嵌入到目标文档中时，源文件中的对象发生变化，目标文件随着发生变化。

32. 在 Excel 2010 中，嵌入式图表只能单独选中打印，不可以和数据表一起打印。

33. 在 Excel 2010 中，图表的系列可以产生在行上也可以产生在列上。

34. 在 Excel 2010 中，嵌入式图表不可以复制，只能直接创建。

35. 图表建好后，可在数据表中加入一行或一列，然后选定图表，再单击"图表"菜单中的"添加数据"，就可添加一个数据系列。

36. 若要删除数据系列，可在图表上单击所要删除的数据系列，然后按 Delete 键。

37. 在 Excel 2010 的"页面设置"对话框中，可以选择内置的页眉和页脚格式，也可分别单击"自定义页眉"、"自定义页脚"按钮，在相应的对话框中自己定义。

38. 在 Excel 2010 中打印时，可以选择打印区域，也可以打印整个工作表。

39. 在 Excel 2010 的所有视图下均可移动插入的人工分页符。

40. 在 Excel 2010 中，选中 C5 单元格，单击"插入"菜单中的"分页符"命令，可同时插入水平分页符和垂直分页符。

41. 在 Excel 打印预览前，必须正确安装打印机驱动程序。

42. Excel 2010 中的工作簿是工作表的集合。

43. 在 Excel 中，图表一旦建立，其标题的字体、字形是不可改变的。

44. 在 Excel 2010 中进行单元格复制时，无论单元格是什么内容，复制出来的内容与原单元格总是完全一致的。

45. Excel 2010 中的工作簿是工作表的集合，一个工作簿文件的工作表的数量是没有限制的。

46. Excel 2010 中新建的工作簿里不一定都只有 3 个工作表。

47. Excel 中分类汇总后的数据清单不能再恢复原工作表的记录。

48. 在某个单元格中输入"'=18+11"，按回车键后显示=18+11。

49. 在某个单元格中输入"3/5"，按回车键后显示 3/5。

50. 填充自动增 1 的数字序列的操作是：单击填充内容所在的单元格，将鼠标移到填充柄上，当鼠标指针变成黑色十字形时，拖动到所须的位置，松开鼠标。

51. 在 Excel 2010 中，"＝"（等号）是比较运算符。

52. 在编辑栏中选择要更改的引用并按 F4 键可将相对引用切换为绝对引用，再按 F4 键可将绝对引用切换为相对引用。

53. 若在某工作表的第五行上方插入两行，则先选定五、六两行。

54. 单击"常用"工具栏中的"打印"按钮，会弹出"打印"对话框。

55. 要把 AI 单元格中的内容"商品降价信息表"作为表格标题居中，其操作步骤是：首先拖动选定该行的单元格区域（选定区域同下面的表格一样宽），然后单击"格式"工具栏中的"居中"按钮。

56. 用户可以通过"工具"菜单中"工具栏"选项的级联菜单选择哪些工具栏显示，哪些工具栏不显示，也可以重组自己的工具栏。

57. 在 Excel 2010 中，单元格内可直接编辑，也可以设置单元格内不允许编辑。

58. 在 Excel 2010 中，不允许同时在一个工作簿的多个工作表上输入数据。

59. 在 Excel2010 中的"工具"菜单中一定含有"自动保存"命令。

60. 在 Excel 2010 中，混合引用的单元格，如果被复制到其他位置，其值可能变化，也可能不变。

61. 在 Excel 2010 中，输入函数时，函数名区分大小写。

第 5 章　PowerPoint 幻灯演示

　　PowerPoint 2010 是 Microsoft Office 2010 系列产品之一。用 PowerPoint 2010 制作的文稿是一种电子文稿，以幻灯片的形式在计算机屏幕上演示，也可以通过投影仪在大屏幕上放映。

　　PowerPoint 2010 的主要功能是将各种文字、图形、图表、声音等多媒体信息以图片的形式展示出来，还可以加上动画、特技、声音以及其他多媒体效果，是进行学术交流、产品展示、工作汇报的重要工具。我们将制作出的图片叫做幻灯片，而一张张幻灯片组成一个演示文稿文件，默认文件扩展名为.pptx。

5.1　创建演示文稿

实验目的
- 了解 PowerPoint 2010 的主要功能、启动和退出的方法
- 掌握如何创建新演示文稿以及打开和保存的方法

5.1.1　任务要求

任务要求
（1）建立新的演示文稿。
（2）插入不同版式的幻灯片以及编辑幻灯片内容。
（3）幻灯片中标题、文本字体和段落的格式设计。
（4）保存演示文稿文件及放映演示文稿。

5.1.2　实验步骤

创建演示文稿具体步骤如下。

（1）启动 PowerPoint 2010，选择"文件"菜单中的"新建"命令，这时在窗口中部出现用于创建演示文稿的各个命令按钮。

（2）选择"空白演示文稿"选项，然后单击右侧的"创建"按钮。默认情况下，在幻灯片窗格中出现的第一张幻灯片是标题幻灯片，在标题幻灯片占位符中分别输入演示文稿的标题和副标题。设置标题字体为华文行楷，54 号字，副标题字体为楷体，32 号字，如图 5-1 所示。

（3）在左侧窗格空白处右击，或者在左侧窗格中当前幻灯片上右击，选择"新建幻灯片"命令，插入一张新幻灯片。

提示：单击占位符，输入幻灯片内容。

（4）为第二张幻灯片中输入的文本内容添加或修改项目符号和编号，可以通过单击"段

落"选项组中的"项目符号"按钮或者"编号"按钮进行添加和修改,如图5-2所示。

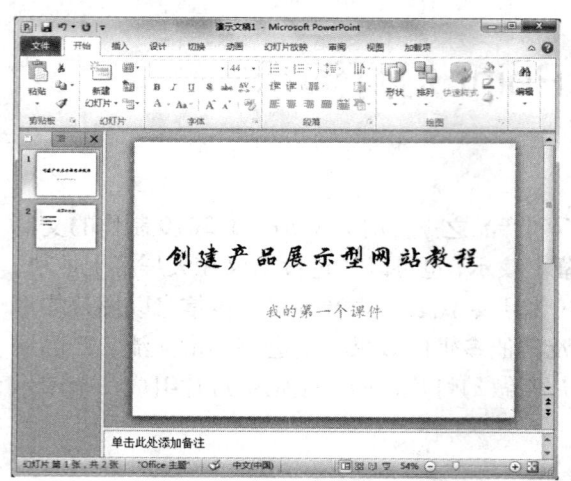

图5-1 插入标题与副标题

图5-2 插入项目符号

（5）重复步骤（3）插入不同版式的幻灯片,完成演示文稿的文本内容填充。将第三张幻灯片中段落文本设置行距为单倍行距,设置段前和段后,同为6磅,如图5-3所示。

演示文稿文件保存方法如下。

选择"文件"菜单中的"保存"或者"另存为"命令。新建的演示文稿首次保存将弹出的"另存为"对话框,键入文件名"ppt1-1"以及选择保存位置进行保存。

放映演示文稿。

选择"幻灯片放映"选项卡中的"从头观看"命令,或者直接按下快捷键F5键进入放映视图,观看演示文稿的演示效果。在放

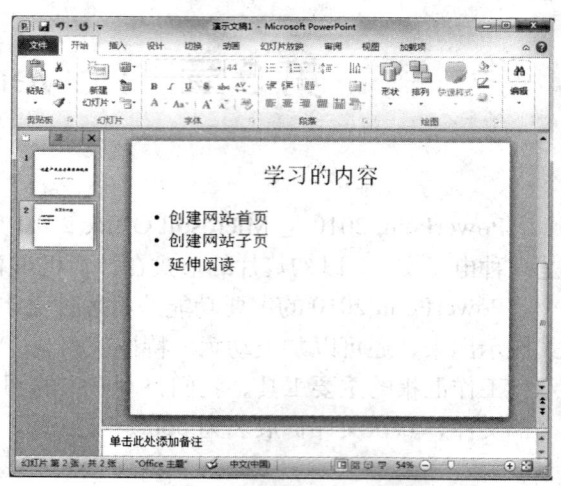

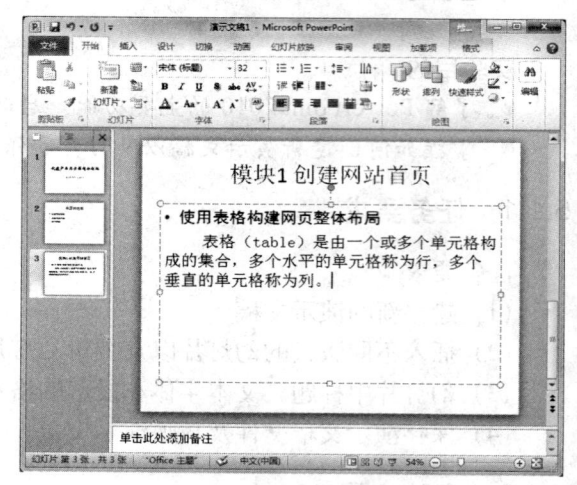

图5-3 设置段落格式

映过程中单击鼠标左键可使幻灯片前进一张,幻灯片放映至最后一张后,单击鼠标左键会退出放映,退回到编辑窗口。

任何时候按Esc键都可结束放映返回到PowerPoint 2010主窗口。

5.2 幻灯片的格式设计

实验目的
- 练习在幻灯片中插入不同类型的对象
- 掌握如何对幻灯片进行格式设计

5.2.1 任务要求

任务要求

（1）在设计的幻灯片中使用不同类型的对象。

(2) 幻灯片中页眉和页脚等其他相关信息的插入。

5.2.2 实验步骤

具体步骤如下。

(1) 打开 5.1.2 节中制作的演示稿文件"ppt1-1.ppt",选择第二张幻灯片作为当前幻灯片,插入满足要求的剪贴画。方法:打开"插入"选项卡,单击"剪贴画"按钮,在窗口右部出现的"剪贴画"任务窗格中搜索内容为"网站"的剪贴画。

(2) 选择满足要求的剪贴画,可直接单击或者在剪贴画右面出现的下拉列表中选择"插入"命令,完成剪贴画的插入,调整图片的位置以及设置图片高度为 4.5 厘米,并保持图片的纵横比。如图 5-4 所示。

(3) 选择第三张幻灯片,在段落下面插入表格。可通过"插入"选项卡中的"表格"按钮完成。

(4) 选择第四张幻灯片,结合标题内容需要插入图片。可通过"插入"菜单中的"图片"选项中的"来自文件"命令完成图片的插入。

(5) 对图片添加注释内容。打开"插入"选项卡,在"插图"选项组中单击"形状"按钮,在打开的下来列表中,选择"标注"选项组中的"圆角矩形标注"。右击插入的标注图标可进行文本编辑及其他相关设置。如图 5-5 所示。

图 5-4 插入剪贴画　　　　　　　　　图 5-5 插入标注

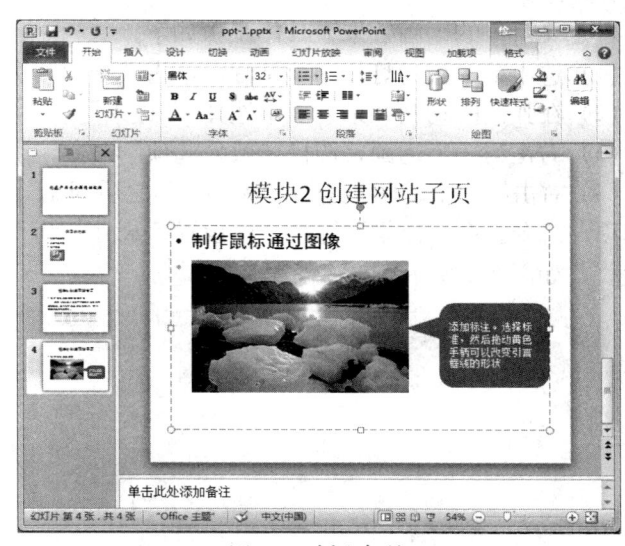

(6) 在幻灯片中添加页眉页脚等相关信息。方法:选中欲添加页眉和页脚的幻灯片,单击"插入"选项卡中的"页眉和页脚"按钮,在弹出的"页眉和页脚"对话框中进行相关的设置。

提示:设置完成后,选择"全部应用"或"应用"按钮将当前所做的设置应用到演示文稿的所有幻灯片或者当前幻灯片中。

(7) 对修改后的演示文稿文件进行保存。可通过使用"文件"菜单中的"保存"命令进行。此处选择"文件"菜单中的"另存为"命令将修改后的演示文稿另存为文件"ppt1-2"。

5.3 幻灯片切换效果与动画

实验目的
- 掌握如何为幻灯片添加动画效果、超链接以及动作设置
- 掌握幻灯片切换效果的设置

5.3.1 任务要求

任务要求
（1）设置幻灯片中对象的动画效果。
（2）设置幻灯片的切换效果。
（3）添加超链接以及鼠标动作设置。

5.3.2 操作步骤

设置幻灯片的预设动画，具体步骤如下。
（1）打开文件"ppt1-2.ppt"，在普通视图下，选中第二张幻灯片。
（2）选中该幻灯片中的文本部分，打开"动画"选项卡，单击"动画窗格"按钮，在右侧打开"动画窗格"。

自定义对象的动画效果，具体步骤如下。
（1）选中第二张幻灯片的剪贴画，单击"动画"选项卡中的"添加动画"按钮，。
（2）在弹出的动画效果列表中选择 "进入"＞"飞入"以及"强调"＞"放大/缩小"。
（3）右击第一个动画，选择"效果选项"命令，设置方向为"自左侧"，单击确定退出。
（4）右击第二个动画，选择"从上一项之后开始"。然后再次右击第二个动画，选择"效果选项"命令。在"效果"选项卡中设置"尺寸"为 150，在"计时"选项卡中设置速度为"中速"。如图 5-6 所示。

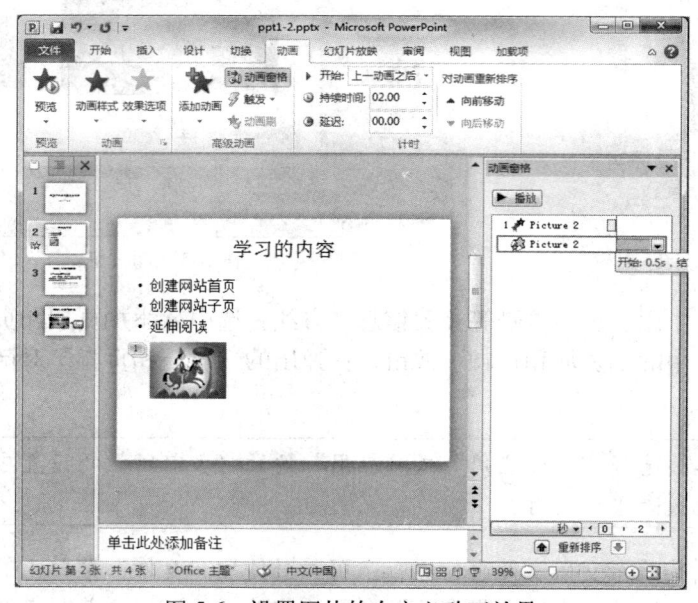

图 5-6 设置图片的自定义动画效果

(5) 点击"播放"按钮或者"幻灯片放映"按钮放映演示文稿,观看动画效果。
(6) 同样方法,为第四张幻灯片中的标注文本设置自定义动画效果:"进入">"菱形",方向为内,速度为中速。

设置幻灯片的切换效果,具体步骤如下。
(1) 选中第一张幻灯片,打开"切换"选项卡。
(2) 选择"百叶窗"切换效果,单击"效果选项"按钮,然后在弹出菜单中选择"垂直"。选项卡右侧还可以设置切换速度,声音及换片方式。

为目录文本添加超链接,具体步骤如下。
(1) 选中第二张幻灯片中第一行文本"创建网站主页"。
(2) 单击"插入"选项卡上的"超链接"工具按钮,弹出如图 5-7 所示的"插入超链接"对话框。

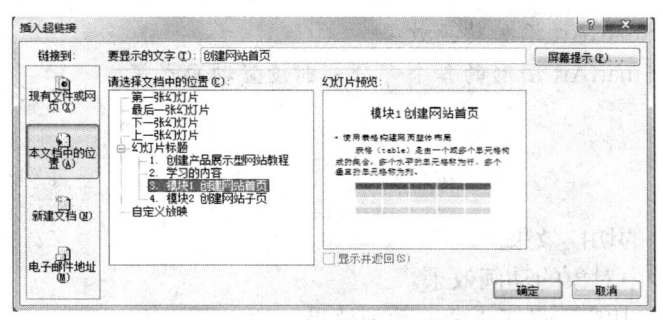

图 5-7 设置超链接

(3) 在"插入超链接"对话框左侧单击"本文档中的位置"按钮。然后在对话框中部选中欲建立超链接的第三张幻灯片,这时对话框右部对应出现该幻灯片预览图,确定无误后点击"确定"按钮退出,超链接即创建成功。
(4) 同样方法为第二行文本"创建网站子页"建立超链接,链接到第四张幻灯片。如图 5-8 所示。

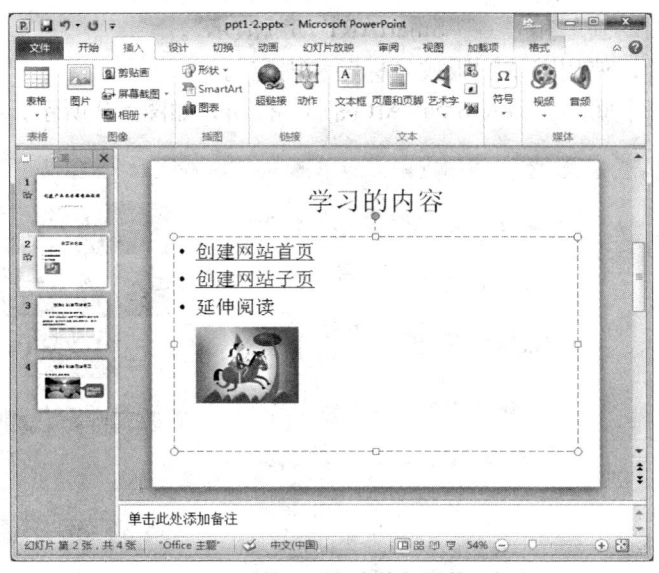

图 5-8 设置完成的超链接

119

鼠标动作设置，具体步骤如下。
(1) 选中第四张幻灯片，为第一张图片添加鼠标移过动作。选中图片。
(2) 打开"插入"选项卡，单击"动作"按钮，打开"动作设置"对话框。
(3) 在"鼠标移过"选项卡中选择"超链接到"单选按钮，展开下拉菜单列表，选中"上一张幻灯片"，并且可设置播放声音，单击"确定"按钮，鼠标移过动作设置完成。

演示文稿文件保存方法：打开"文件"菜单，执行"另存为"命令，在出现的"另存为"对话框中输入文件名"ppt1-3"。

5.4 SmartArt 动画

实验目的
- 掌握如何为 SmartArt 添加动画效果
- 掌握如何为 SmartArt 图形的各个部分分别设置动画效果

5.4.1 任务要求

任务要求
(1) 设置幻灯片的切换效果。
(2) 设置幻灯片中对象的动画效果。
(3) 为 SmartArt 中的不同部分设置动画效果。
(4) 倒序播放。

5.4.2 操作步骤

具体步骤如下。
(1) 打开 PowerPoint 软件，新建一个幻灯片文件，将其保存为"SmartArt 动画演示.pptx"。
(2) 打开"设计"选项卡，在"主题"列表中选择"奥斯汀"。然后将主标题和副标题分别设置为"流程图动画"和"——SmartART 动画演示"。
(3) 新建幻灯片，使用默认的版式"标题和内容"。
(4) 单击占位符中间的"插入 SmartArt 图形"按钮，如图 5-9 所示，单击"确定"按钮。

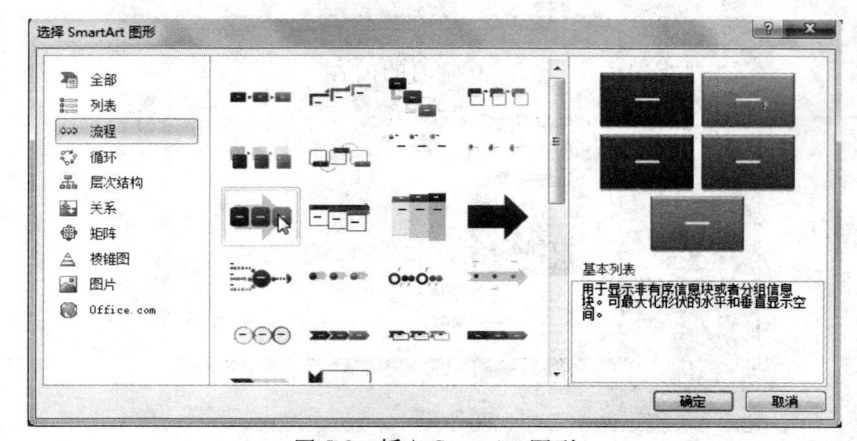

图 5-9 插入 SmartArt 图形

（5）在流程图的文本框中输入对应的文字，如图单击占位符中间的"插入 SmartArt 图形"按钮，如图 5-10 所示。

（6）打开"动画"选项卡，选择流程图，在"动画"列表中选择"旋转"。此时，播放动画，可以看到流程图中所有的形状，一起旋转。

（7）在"动画"列表右侧，单击"效果选项"按钮，选择"整批发送"。此时，播放动画，可以看到流程图中所有的形状，同时独立完成旋转动画。

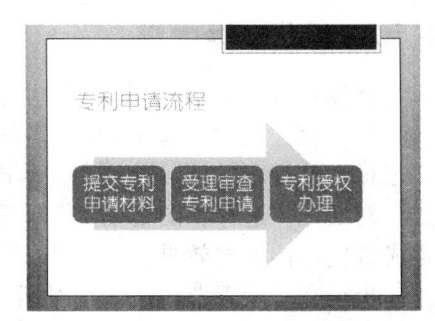

图 5-10　插入 SmartArt 图形

（8）再次在"动画"列表右侧，单击"效果选项"按钮，选择"逐个"。此时，播放动画，可以看到流程图中所有的形状，依次独立完成旋转动画。

（9）打开动画窗格，单击动画编号下方的小箭头，打开各个形状的列表。如图 5-11 所示。

（10）分别设置 1-3 的动画效果为"翻转式由远及近"、"缩放"和"弹跳"。此时，播放动画，可以看到流程图中所有的形状，依次独立完成不同的动画效果。

（11）双击 4 号对象，打开"旋转"对话框，再打开"SmartArt 图形"选项卡，勾选"倒序"复选框，如图 5-12 所示。此时，播放动画，可以看到流程图中所有的形状，完成动画效果的顺序发生颠倒。

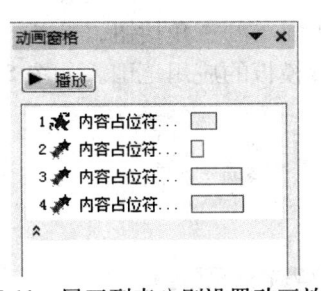

图 5-11　展开列表分别设置动画效果

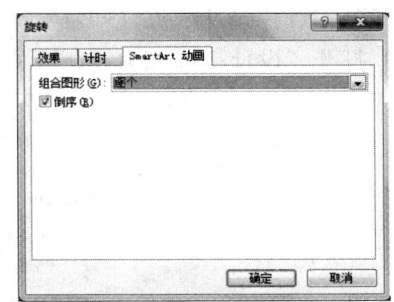

图 5-12　设置"倒序"播放

（12）选中第 2 张幻灯片，打开"切换"选项卡，在"切换到此幻灯片"选项组中，选择"百叶窗"效果。

（13）保存文件。

5.5　幻灯片的页面外观修饰

实验目的
- 掌握如何使用模板、母版、背景以及配色方案对幻灯片进行页面外观修饰
- 掌握对演示文稿进行播放和打印以及打包、发布等相关操作

5.5.1　任务要求

任务要求
（1）给幻灯片添加背景。
（2）应用设计模板或通过幻灯片母版设置文稿中每张幻灯片的预设格式。

5.5.2 操作步骤

具体步骤如下。

(1) 打开文件"ppt1-3.ppt",在普通视图下,选中第一张幻灯片。

(2) 打开"设计"选项卡,单击"背景"选项组中的"选项"按钮,弹出"设置背景格式"对话框。选择"图案填充"单选按钮,然后选择一种图案。点击"关闭"按钮后即可浏览或者应用该填充效果。

也可在"设置背景格式"对话框中设置幻灯片的背景色。

(3) 打开"视图"选项卡,单击"幻灯片母版"按钮,进入幻灯片母版编辑状态。在母版中插入声音对象,单击"插入"选项卡中的"视频"或"音频"按钮,在弹出的对话框中选择视频或声音,这样就可以在每张幻灯片中插入多媒体对象。选中该对象右击,可以进行相关的编辑。

提示:可使用母版为文稿中每张幻灯片设置统一的预设格式。

(4) 在"幻灯片母版"编辑状态下,勾选"页脚"选项,然后选中"<页脚>",设置字体颜色为红色,字体为宋体、18 号,输入文字"制作人:***"。

(5) 单击"幻灯片母版"选项卡中的"关闭母版视图"按钮,返回普通视图。可以看到在除了标题幻灯片以外的每张幻灯片中都应用了刚才"幻灯片母版"中的设置。

(6) 打开"设计"选项卡,在"主题"选项组中单击向下的三角按钮,打开"主题"列表,选中模板后,在主题的缩略图上右击鼠标,可以设置模板的应用范围。如图 5-13 所示。

图 5-13 应用设计模板

(7) 在"设计"选项卡中,单击"颜色"按钮,打开内置的主题颜色配色方案列表框。可以从中选择合适的配色方案,也可以单击列表框下方的"新建主题颜色"命令,进行配色方案的编辑。

(8) 选择"文件"菜单的"另存为"命令,打开"另存为"对话框,输入文件名,选择"保存类型"为"PowerPoint 模板",选择保存位置,然后单击"保存"按钮,可将当前设计的演示文稿作为设计模板进行保存,在以后的设计文稿中应用该模板。

5.6 综合实验

5.6.1 任务要求

任务要求
(1) 根据实际演示需要,熟练使用各种形状设计演示文稿。
(2) 能够熟练对各种形状进行修饰、调整、对齐等操作。
(3) 数量掌握部分快捷键的用法。
(4) 掌握动画刷的用法。

5.6.2 操作步骤

(1) 新建幻灯片,打开"设计"选项卡,应用"奥斯汀"主题,输入标题"2013年企业经营报告",输入副标题"形状动画演示",如图5-14所示。
(2) 新建幻灯片,右击新幻灯片,设置版式为"图片与标题"。
(3) 在左侧图片框,加入红色菊花图片。
(4) 打开"插入"选项卡,选择"形状>椭圆",按住Shift键,在右半区的右上画出一个圆形。
(5) 按Ctrl+C键复制圆形,按Ctrl+V键粘贴,然后拖动到第一个圆形的左下。
(6) 继续复制,放到第一个圆形的下方。这时,软件会自动出现辅助线,帮助用户将圆形对齐。随后连续复制粘贴,并一一对齐,并输入对应的文字,如图5-15所示。

图 5-14 创建首页幻灯片   图 5-15 绘制5个圆形

(7) 继续插入图形。打开"插入"选项卡,选择"形状>箭头",按住Shift键,从左侧图片的边缘水平画到圆形边缘。然后利用复制粘贴的方法,制作出另外几条箭头线。拖动箭头线两端的手柄可以延长或缩短箭头线。
(8) 在左侧图片左上角,连续用各种形状制作出特制的标题,并进行简单装饰。选择"形状填充>其他填充颜色"可以为较大的矩形设置一种特殊的金色(RGB:194,172,10);选择"形状轮廓>虚线"可以将小标题下方的线条设置为不同样式的虚线;选择红色圆点和"2013字样",然后在"排列"选项组中单击"对齐"按钮,选择"上下居中"可以是二者水平对齐。进行简单设计之后，如图 5-16 所示，整体效果如图 5-17 所示，目前的设计已经具有商务风格了。

图 5-16 特制一组标题

图 5-17 整体效果

（9）选中"成本"圆形，打开"动画"选项卡，为其设置"飞入"动画，然后单击"效果选项"按钮，选择"自左侧"。

（10）在选中"成本"圆形的情况下，双击高级动画选项组中的"动画刷"按钮，依次选择下面的 4 个圆形。动画刷的用法与 Word 软件中的"格式刷"一致，单击该按钮可以应用一次，双击之后可以连续使用，再单击就会取消。

5.7 本章习题

一、单项选择题

1. PowerPoint 中，下列说法错误的是_____。
   A. 可以动态显示文本和对象　　　　B. 可以设置幻灯片放映方式
   C. 剪贴画不可以设置动画效果　　　D. 可以设置幻灯片切换效果

2. 如果要对多张幻灯片同时进行预览或移动、复制、删除等编辑操作，最方便、最有效的方法是选择_____。
   A. 幻灯片母版视图　　　　　　　　B. 幻灯片放映视图
   C. 幻灯片浏览视图　　　　　　　　D. 普通视图

3. PowerPoint 2010 向用户提供了设计模板和_____两种形式。
   A. 框架模板　　　B. 空白模板　　　C. 普通模板　　　D. 内容模板

4. 幻灯片放映时，下列操作中哪个不能实现_____。
   A. 改变幻灯片放映顺序　　　　　　B. 按任意键结束放映
   C. 进行画图　　　　　　　　　　　D. 使整个屏幕变为黑色

5. 在 PowerPoint 的幻灯片浏览视图下，不能完成的操作是_____。
   A. 调整个别幻灯片位置　　　　　　B. 删除个别幻灯片
   C. 编辑个别幻灯片内容　　　　　　D. 复制个别幻灯片

6. 在 PowerPoint 中，设置幻灯片放映时的换页效果为"百叶窗"，应使用的选项卡是_____。
   A. 设计　　　　　B. 切换　　　　　C. 动画　　　　　D. 插入

7. 幻灯片中占位符的作用是_____。
   A. 表示文本长度　　　　　　　　B. 限制插入对象的数量
   C. 表示图形大小　　　　　　　　D. 为文本、图形预留位置
8. 在 PowerPoint 中,"视图"这个名词表示_____。
   A. 一种图形　　　　　　　　　　B. 显示幻灯片的方式
   C. 编辑演示文稿的方式　　　　　D. 一张正在修改的幻灯片
9. 自定义动画是指_____。
   A. 定义幻灯片放映时的动画效果
   B. 定义对象呈现时的动画效果
   C. 定义幻灯片切换时的动画效果
   D. 同时定义幻灯片放映时和幻灯片切换时的动画效果
10. 在对幻灯片的"设置放映方式"中,没有_____设置区。
    A. 放映类型　　　　　　　　　　B. 动作类型
    C. 换片方式　　　　　　　　　　D. 选择幻灯片的放映范围
11. PowerPoint 演示文稿的扩展名是_____。
    A. .pptx　　　　B. .ppz　　　　C. .pot　　　　D. .pps
12. 在空白幻灯片中不可以直接插入_____。
    A. 艺术字　　　　B. 公式　　　　C. 文字　　　　D. 文本框
13. 在 PowerPoint2010 中,若为幻灯片中的对象设置"飞入"效果,应选择_____选项卡。
    A. 动画　　　　　B. 切换　　　　C. 设计　　　　D. 幻灯片放映
14. 演示文稿与幻灯片关系是_____。
    A. 演示文稿和幻灯片是同一个对象　　　B. 幻灯片是由若干演示文稿组成
    C. 演示文稿是由若干幻灯片组成　　　　D. 演示文稿和幻灯片没有关系
15. 如果要在幻灯片的左上角插入同一图像,最有效的方法是通过_____快速实现。
    A. 选择"视图">"幻灯片母版"命令
    B. 选择"插入">"图片">"来自文件"命令
    C. 选择"设计">"背景样式"命令
    D. 选择"插入">"图片">"剪贴画"命令
16. 在 PowerPoint 2010 中,如果要播放演示文稿,可以使用_____。
    A. 幻灯片视图　　　　　　　　　B. 大纲视图
    C. 幻灯片浏览视图　　　　　　　D. 幻灯片放映视图
17. 在幻灯片放映时,_____。
    A. 演讲者可以全屏幕方式放映幻灯片
    B. 可以以窗口方式放映幻灯片
    C. 可以把鼠标设置成绘图笔以便对某些内容作标注
    D. 以上都正确
18. 在 PowerPoint 中的"动画"设置,主要通过设置对象的_____来实现。
    A. 动画效果、声响效果和动作　　　　B. 动画效果、声响效果和动画顺序
    C. 动画效果、动画顺序和动作　　　　D. 声响效果和动画顺序和动作
19. PowerPoint 放映格式的扩展名是_____。

  A. pptx   B. ppsx   C. pot   D. ppa

20. 以下是关于 PowerPoint 中幻灯片切换效果的描述，不正确的是_____。

  A. 幻灯片切换效果是指前后两张幻灯片的切换方式

  B. 可以通过幻灯片浏览工具栏设置灯片切换效果

  C. 可以通过"幻灯片切换"对话框设置幻灯片切换效果

  D. 以上都不正确

21. 在_____中，屏幕上可以同时看到演示文稿的多幅幻灯片的缩略图。

  A. 普通视图   B. 幻灯片浏览视图

  C. 幻灯片视图   D. 页面视图

22. 在 PowerPoint 的字体设置中，不能进行_____。

  A. 字号设置   B. 字符间距设置

  C. 字形设置   D. 颜色设置

23. 如果在母版的"单击此处编辑母版标题样式"中覆盖输入"PowerPoint"，字体是宋体 48 号，关闭母版返回幻灯片编辑状态，则_____。

  A. 所有幻灯片的标题栏都是"PowerPoint"，字体是宋体 48 号

  B. 所有幻灯片的标题栏都是"PowerPoint"，字体保持不变

  C. 所有幻灯片的标题栏内容不变，字体是宋体 48 号

  D. 所有幻灯片的标题栏内容不变，字体也保持不变

24. 通过幻灯片放映过程控制的快捷菜单不能实现_____。

  A. 跳转到本文档上一页   B. 跳转到本文档下一页

  C. 跳转其他 PowerPoint 文档   D. 跳转到本文档任何一页

25. PowerPoint 的普通视图方式下有 3 个窗格，其中不包括_____。

  A. 大纲窗格   B. 母版窗格   C. 备注窗格   D. 幻灯片窗格

26. 对象的超级链接不能链接到_____。

  A. 同一个演示文稿的一张幻灯片   B. 另一个演示文稿的一张幻灯片

  C. 本地计算机系统中的所有文档   D. Internet 中某一个 Web 页

27. PowerPoint 与 Word 的不同之处是_____。

  A. PowerPoint 演示文稿中不能插入公式

  B. PowerPoint 演示文稿中不能插入艺术字

  C. Word 文档中不能插入声音对象

  D. Word 文档中不能插入图片

28. 在 PowerPoint 中，对象的超级链接不能链接到_____。

  A. 同一个演示文稿的一张幻灯片

  B. 任何一个在 Internet 上可以访问到的 IP 地址

  C. 另一个演示文稿的一张幻灯片

  D. Internet 中某一个 Web 页

29. PowerPoint 中可以选择的打印内容有_____。

  A. 幻灯片、讲义和普通视图   B. 幻灯片、备注页和普通视图

  C. 幻灯片、讲义和备注页   D. 以上都正确

30. 使用幻灯片母版的页脚包括_____等信息。

A. 日期、时间和幻灯片编号　　　　B. 日期、时间和占位符
C. 日期、占位符和幻灯片编号　　　D. 日期、状态和幻灯片编号

31. 插入新幻灯片的位置位于_____。
    A. 当前幻灯片之前　　　　　　　B. 当前幻灯片之后
    C. 整个文档的最前面　　　　　　D. 整个文档的最后面

32. 以下操作中，_____不能退出 PowerPoint。
    A. 双击标题栏最左端的控制图标
    B. 选择菜单栏最右端"关闭"按钮
    C. 选择菜单栏右端的"最小化"按钮
    D. 选择菜单栏的"文件"项，单击"退出"命令

33. 下列关于幻灯片放映的动画效果的说法不正确的是_____。
    A. 如果要对幻灯片中的对象的动画效果进行详细设置，就应该使用"动画窗格"
    B. 对幻灯片中的对象可设置打字机效果
    C. 幻灯片文本不能设置动画效果
    D. 动画顺序决定了选中的对象在幻灯片中出场的先后

34. 关于演示文稿，下列说法哪个是正确的_____。
    A. 演示文稿在网上无法直接浏览
    B. 打包的演示文稿不必解开，即可放映
    C. 打包的演示文稿必须在安装了 PowerPoint 的计算机上放映
    D. 将演示文稿转换为 Web 页文件，并放置到 Web 服务器上，用浏览器即可查看

35. 关于幻灯片版式，下列说法正确的是_____。
    A. 系统提供的幻灯片版式可以修改
    B. 幻灯片版式即幻灯片格式
    C. 幻灯片版式即幻灯片的布局
    D. 系统提供了 24 种预先设计好的幻灯片版式

36. PowerPoint 与 Word 的不同之处是_____。
    A. Word 文档不能保存为 Web 页
    B. Word 没有母版的概念
    C. 它们之间可以插入的对象的类型不同
    D. Word 没有普通视图

37. 在幻灯片中插入图片对象，若要保持原图片的比例，在拖动图片拐角上的控制点时，需要同时按下的键是_____。
    A. Ctrl　　　　　　B. Shift　　　　　　C. Alt　　　　　　D. TAb

38. 关于 PowerPoint 幻灯片母版的使用，下列说法不正确的是_____。
    A. 通过对母版的设置可以控制幻灯片中不同部分的表现形式
    B. 通过对母版的设置可以预定义幻灯片的前景颜色、背景颜色和字体大小
    C. 修改母版不会对演示文稿中任何一张幻灯片带来影响
    D. 标题母版为使用标题版式的幻灯片设置了默认格式

39. PowerPoint 状态栏上，默认包含了 3 个试图切换按钮，不包含_____。
    A. 普通视图　　　　B. 幻灯片浏览视图　　C. 阅读视图　　　D. 大纲视图

40. 为了能快速地使用键盘进行操作，用户可以按_____键，将选项卡上的按键提示显示出来。

    A. Ctrl 键　　　　　　B. Alt 键　　　　　　C. Shift 键　　　　　　D. Tab 键

二、多项选择题

1. 启动 PowerPoint 后，可通过_____方式新建演示文稿。

    A. 内容提示向导　　　B. 按 Ctrl+N　　　C. 设计模板　　　D. 空演示文稿
    E. 打开已有的演示文稿并按要求对其编辑修改，最后选择"文件" > "另存为"命令

2. 用 PowerPoint 制作幻灯片时，可以插入_____。

    A. 声音　　　　　　　B. 图片　　　　　　C. 动画　　　　　　D. 文本

3. 在 PowerPoint 2010 中，超级链接可以链接到_____。

    A. 原有文件或 Web 页　　　　　　　　B. 本文档中的任一张幻灯片
    C. 新建文档　　　　　　　　　　　　D. 电子邮件地址

4. 设置幻灯片切换时，可以进行的操作是_____。

    A. 切换效果　　　　　　　　　　　　B. 切换速度
    C. 换片方式　　　　　　　　　　　　D. 切换时是否有声音

5. 对于设计模板，描述正确的是_____。

    A. 设计模板中包含了配色方案、幻灯片母版、标题母版以及字体样式
    B. 应用了设计模板后，用户在演示文稿中添加的新幻灯片都拥有相同的自定义外观
    C. PowerPoint 中提供了可供选择的模板，用户也可以创建自己的设计模板
    D. 只有在新建文档时可以设定应用设计模板

6. 如果要在幻灯片放映过程中结束放映，以下操作中可以采取的选项是_____。

    A. 按回车键
    B. 按 Esc 键
    C. 按 Alt+F4 键
    D. 在幻灯片放映视图中单击鼠标右键，然后在快捷菜单中选择"结束放映"

7. 在 PowerPoint 演示文稿放映过程中，以下控制方式正确的是_____。

    A. 可以用鼠标控制
    B. 可以用键盘控制
    C. 可以单击鼠标右键，利用弹出的快捷菜单进行控制
    D. 单击鼠标，幻灯片可以换到"下一张"而不能切换到"上一张"
    E. 只能通过鼠标进行控制

8. 在幻灯片中，下列说法正确的是_____。

    A. 幻灯片的顺序不可以改变
    B. 可以插入图片和剪贴画
    C. 不可以连续播放声音
    D. 工具栏位置可以改变

9. 在使用了版式之后，幻灯片标题_____。

    A. 可以修改格式　　　　　　　　　　B. 不可以修改格式
    C. 可以移动位置　　　　　　　　　　D. 不可以移动位置

10. 在 Powerpoint 的"设置放映方式"操作中，可以进行的是_____。
   A. 设置演示文稿的循环放映方式　　B. 设置演示文稿中幻灯片的放映范围
   C. 设置幻灯片的换片方式　　　　　D. 设置播放的背景音乐

三、判断题

1. PowerPoint 2010 将演示文稿保存为设计模板，只包含各种格式，不包含实际文本内容。
2. 对象动作的设置提供了在幻灯片放映中人机交互的一个途径，使演讲者可以根据自己的需要选择幻灯片的演示顺序和展示演示内容。
3. 幻灯片放映视图中，可以看到对幻灯片演示设置的各种放映效果。
4. PowerPoint 打印输出内容包括幻灯片、讲义、备注页和大纲视图。
5. 每张幻灯片只能包含一个链接点。
6. 在"大纲"选项卡下，只能显示出标题和正文，不显示图像、表格等其他信息。
7. 演示文稿一般按原来的顺序依次放映。要改变这种顺序，可以借助于超链接的方法来实现。
8. PowerPoint 中预先定义了幻灯片的背景色彩、文本格式、内容布局，称为幻灯片的版式。
9. 幻灯片放映时不显示备注页下添加的备注内容。
10. 演示文稿打包后，可以在未安装 PowerPoint 应用程序的计算机上运行。

第 6 章 计算机网络

计算机网络是计算机技术与通信技术发展相结合的产物，是计算机应用的高级应用形式。目前，人类正处于一个以计算机网络为核心的信息时代。

当今计算机领域最大的热点之一就是 Internet 的迅猛发展和广泛应用，它为人们提供了丰富的信息资源和多姿多彩的生活方式。

网页是 Internet 世界中最主要的资源交互方式，人们通过建立 Web 页和访问他人的 Web 页来交流信息。编写网页最基本的方法就是使用 HTML 语言。

6.1 计算机网络基础

实验目的
- 进一步了解有关计算机网络知识的基本概念，练习设置 TCP/IP 协议
- 通过"本地连接"查看当前网络连接状态

了解计算机网络及进行本地连接配置

1. 任务要求

（1）设置 TCP/IP 协议。
（2）查看本地连接状态、启用和禁用本地连接。

2. 操作步骤

"本地连接"是指利用网卡和网线与局域网的连接。用户通过局域网接入 Internet 之前，应保证机器安装了网卡及网卡驱动程序，并对本地连接的属性进行相关设置，其中最关键的包括 TCP/IP 协议的设置。具体步骤如下。

（1）在任务栏上右击网络连接图标，在弹出的窗口中选择"打开网络和共享中心"，在打开的网络设置窗格中，单击左侧窗格中的"更改适配器设置"，可以看到"本地连接"或是"无线网络连接"。

（2）找到"本地连接"图标，右键单击，在出现的快捷菜单中选择"属性"，如图 6-1 所示，弹出"本地连接 属性"对话框。

（3）在"本地连接 属性"对话框中选择"Internet 协议版本 4（TCP/IPv4）"，单击"属性"按钮，如图 6-2 所示。弹出"Internet 协议版本 4（TCP/IPv4）属性"对话框。

（4）根据当前网络中的实际状况进行设置。如果所在网络中有 DHCP 服务器，可以

图 6-1 "网络连接"窗口

选择"自动获得 IP 地址";如果采用静态 IP 地址,则选择"使用下面的地址",对 IP 地址、子网掩码和默认网关进行设置,以及设置进行域名解析的 DNS 服务器的 IP 地址。设置完成后,单击"确定"按钮进行保存,即完成 TCP/IP 协议的设置,如图 6-3 所示。

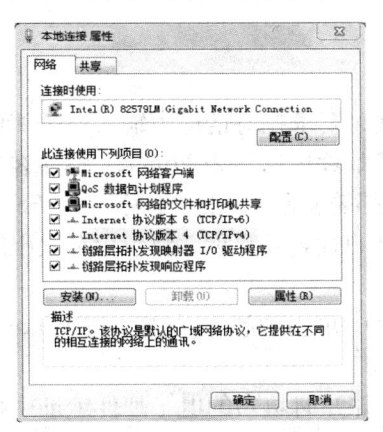

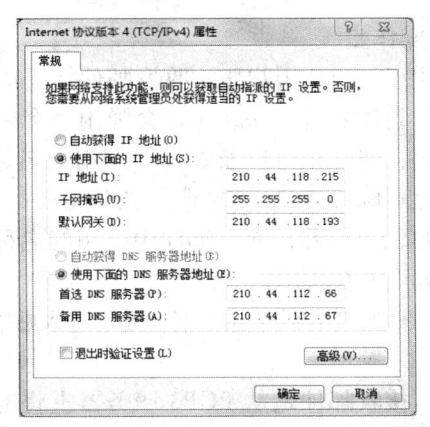

图 6-2 "本地连接 属性"对话框　　　　图 6-3 "Internet 协议版本 4(TCP/IPv4)属性"对话框

查看本地连接状态、启用和禁用本地连接。具体步骤如下。

(1) 在图 6-1 所示的快捷菜单中选择"状态",弹出"本地连接 状态"对话框,如图 6-4 所示。该对话框中显示了本地连接的连接状态、持续时间、发送和接收数据包的情况。单击"详细信息"选项卡后,可以看到有关本机地址的详细信息,如图 6-5 所示。

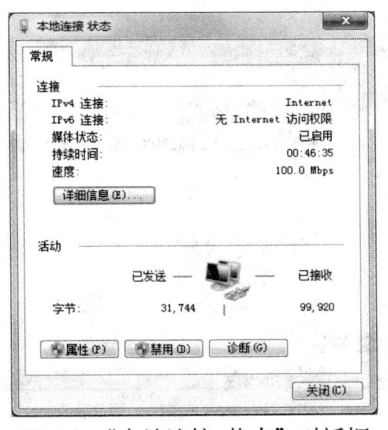

图 6-4 "本地连接 状态"对话框　　　　图 6-5 "支持"选项卡

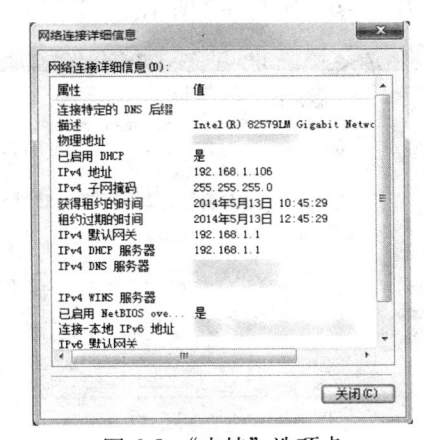

(2) 若在图 6-1 所示的图中,选择"禁用"命令,"本地连接"的图标将变为灰色,此时就不能通过"本地连接"访问网络资源。

(3) 要重新启用"本地连接",只需要在呈灰色的"本地连接"图标上右击,在出现的快捷菜单中选择"启用"即可。

6.2　Foxmail 的使用

实验目的

- Foxmail 是一个中文版电子邮件客户端软件,学习使用 Foxmail 收发电子邮件

1. 任务要求

（1）新建 Foxmail 用户账户。
（2）设置邮箱；接收、发送电子邮件。

2. 操作步骤

使用 Foxmail 用户账户收发邮件，具体步骤如下。

（1）首次打开 Foxmail，会弹出一个"向导"对话框，要求在对话框中输入电子邮件地址、密码、账户名称以及邮件中采用的名称。其中"电子邮件地址"为 Foxmail 邮件客户端连接的电子邮件地址；"密码"为该电子邮件地址对应的邮箱密码；"账户名称"为 Foxmail 中显示的账户名称；而"邮件中采用的名称"可填写自己的姓名或昵称，将包含在发出的邮件中。如图 6-6 所示。

（2）设置完成后单击"下一步"进入账户建立完成界面，单击"完成"按钮，进入 Foxmail 主窗口。

（3）接收邮件是从 POP3 服务器上将电子邮件从创建账户时填写的电子邮件地址中接收到本地。单击工具栏上的"收取"按钮，出现"收取邮件"窗口，开始从服务器上接收邮件。收取完成后，还将显示收取的邮件数量、保存到的邮箱等信息。

（4）邮件接收结束后，在 Foxmail 主窗口中的"收件箱"旁边会显示数字，表示当前收件箱中共有多少封邮件以及新邮件的数目。单击收件箱，在邮件列表中显示当前收到的所有邮件，其中加黑显示的邮件是未阅读的邮件，选中一个后，在邮件列表的底部会显示该邮件的主题和内容。如图 6-7 所示。

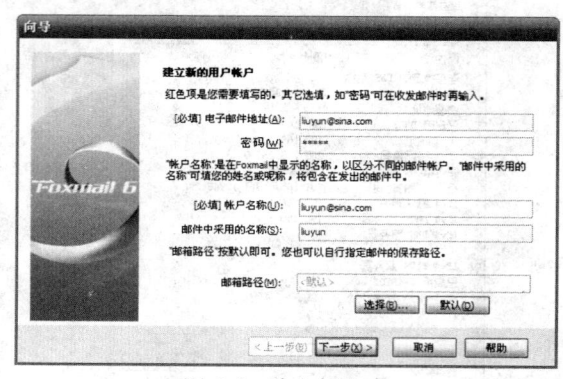

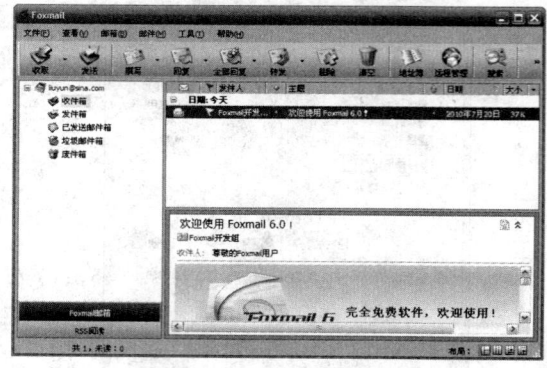

图 6-6　建立新账户　　　　　　　　　　　图 6-7　Foxmail 主界面

（5）撰写新邮件。单击工具栏中的"撰写"工具按钮，将弹出如图 6-8 所示的"写邮件"对话框。在"收件人"栏中输入收件人的电子邮件地址，收件人如果有多个的话，输入时用逗号隔开。也可以在"抄送"栏中填写其他收件人的地址。在"主题"栏中填写邮件标题。

（6）在窗口下部的文本编辑窗口中输入邮件正文。可以通过"格式"工具栏上的工具按钮对邮件格式进行简单的编辑。

（7）如果需要独立文件（如文本文件、图像文件等）随电子邮件一同发送，这些独立文件可作为"附件"添加到电子邮件中。单击工具栏中的"附件"工具按钮，选择需要发送的独立文件，单击"打开"按钮即将文件添加到邮件中。如果有多个文件，可以多次选择"附件"，也可一次选择多个。如图 6-8 所示。

(8) 邮件编辑完成后，单击"写邮件"窗口工具栏上的"发送"工具按钮，即可马上将撰写的邮件发送出去。单击工具栏上的"保存内容"按钮，则将撰写的电子邮件保存到发件箱中，以后可以继续编辑、发送。再次发送的时候，直接单击 Foxmail 主窗口上的"发送"按钮，发件箱中的待发邮件将会被一一发送出去。

(9) 如果需要回复邮件，则在收件箱中选择需要回复的邮件，单击工具栏中的"回复"按钮，弹出回复邮件的撰写窗口。如果是转发邮件，则选中邮件后单击工具栏中的"转发"按钮，在弹出的"写邮件"窗口"收件人"栏中填写收件人的电子邮件地址，输入完成后单击"发送"按钮即可将邮件原样转发给他人。

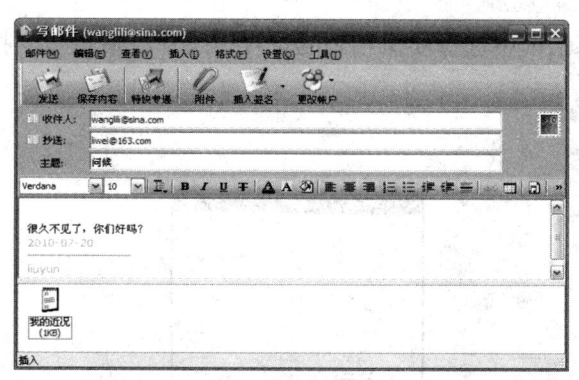

图 6-8　写邮件

(10) 收件箱或已发送邮件箱中不再使用的邮件可通过工具栏中的"删除"工具按钮进行删除，邮件将删除到"废件箱"中。可单击工具栏中的"清空"工具按钮对各个邮箱进行清空操作。

6.3　网页制作

实验目的
- 学会使用 Dreamweaver CS5 新建站点
- 学会定义站点，修改站点、管理多站点的方法

6.3.1　定义站点

1. 任务要求

（1）创建站点。
（2）对站点进行基本设置。

2. 操作步骤

具体操作步骤如下。

（1）首先在硬盘的 D 盘上创建文件夹 mywebsite，展开"文件"面板组，单击"文件"面板中的"管理站点"超链接，如图 6-9 所示。

（2）此时将打开"管理站点"对话框，在其中单击"新建"按钮，如图 6-10 所示。有两种设置 Dreamweaver CS5 站点的方法，一种是使用"站点设置对象"对话框，它可以带领用户逐步完成设置站点的操作；另一种是使用"站点设置对象"对话框中的"高级设置"选项卡，根据需要来设置本地信息、遮盖和设计备注等选项。

图 6-9　"文件"面板组

（3）这里在"站点名称"文本框中输入新建站点的名称 mywebsite，该名称可以任意取，和网站本身内容无关，如图 6-11 所示。在"本地站点文件夹"文本框中输入要保存到的位置，也可以单击该文本框右侧的 （浏览文件夹）按钮，打开"选择根文件夹"对话框，在该对

话框中选择要保存到的位置，选择完后单击"打开"按钮即可。

图 6-10 "管理站点"对话框

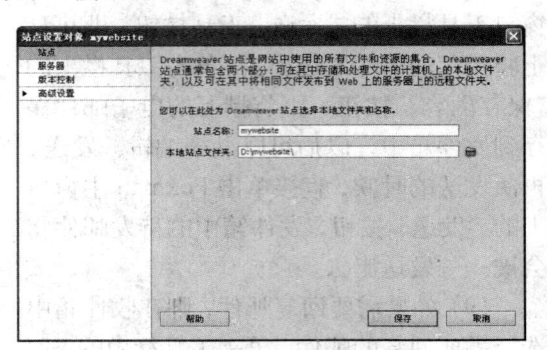

图 6-11 "站点设置对象"对话框

（4）选择"服务器"选项卡，用户可以根据"注意"提示进行操作，在这里不做任何设置，如图 6-12 所示。

（5）选择"版本控制"选项卡，将"访问"设置为"无"，如图 6-13 所示。

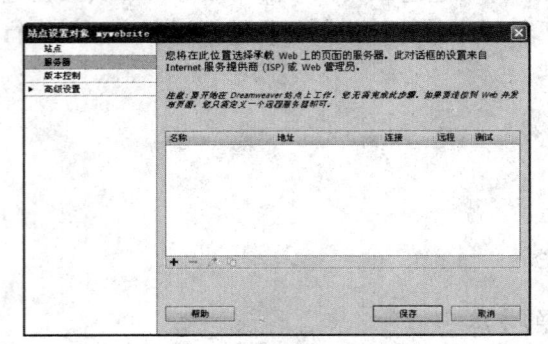

图 6-12 "服务器"选项卡

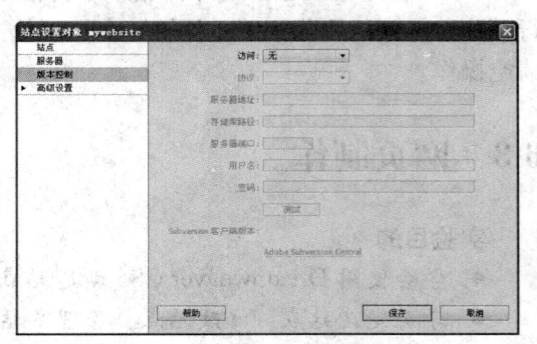

图 6-13 "版本控制"选项卡

> 提示：站点名称是站点的标识，它可由几乎所有字符组成，除了"\"、"/"、":"、"*"、"?"、"<"、">"、"|"字符。

（6）完成本地站点的创建后单击"保存"按钮。单击"管理站点"对话框中的"完成"按钮，结束站点的定义，如图 6-14 所示。此时"文件"面板将会显示出本地站点的名称和存储路径，如图 6-15 所示。

图 6-14 "管理站点"对话框

图 6-15 本地站点的名称和存储路径

由于站点目录下目前还没有任何文件和文件夹，因此，"文件"面板中只有"站点"一个项目。

6.3.2 修改站点

1. 任务要求
（1）修改站点信息。
（2）掌握修改站点的方法。

2. 操作步骤
（1）选择菜单命令"站点"→"管理站点"，在打开的"管理站点"对话框中单击"编辑"按钮，此时将重新打开"站点设置对象 mywebsite"对话框。
（2）选择其中的"高级设置"选项卡，切换到"本地信息"选项，如图 6-16 所示。
（3）这里设定默认的图像文件夹路径为 D:\mywebsite\images\，设定 Web URL 地址为 http://localhost，如图 6-17 所示。

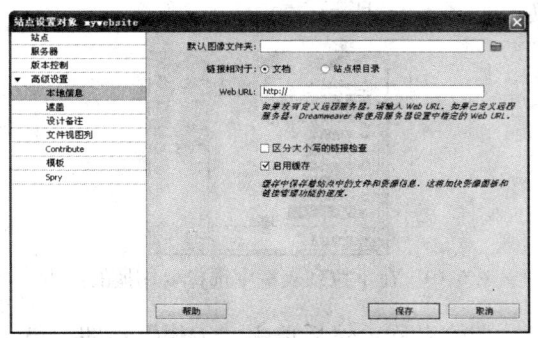

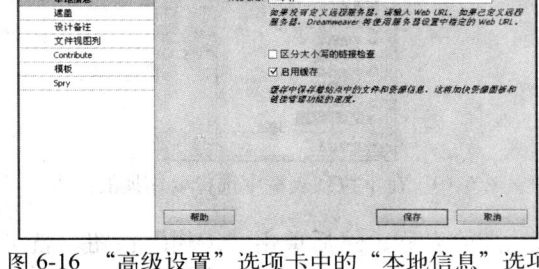

图 6-16　"高级设置"选项卡中的"本地信息"选项　　　图 6-17　设置"本地信息"参数

默认情况下，"高级设置"选项卡显示的是"本地信息"的参数设置，其具体含义和作用如下。

- 默认图像文件夹：用来设定默认的存放网站图片的文件夹，文件夹的位置可以直接输入，也可以单击右侧的 按钮，在打开的对话框中寻找正确的目录。对于比较复杂的网站，图片往往不只是存放在一个文件夹中，因此实用价值不大。默认的图像文件夹路径为 D:\mywebsite\images\。
- 链接相对于：该选项用来更改用户创建的链接到站点中其他页面链接的路径表达方式，更改此设置不会转换现有链接的路径。默认情况下，Dreamweaver CS5 使用相对文档的路径创建链接；如果选中"站点根目录"单选按钮，则采用相对站点根目录的路径描述链接。
- Web URL：没有定义远程服务器时，在这里输入 Web URL，当在"服务器"选项卡中定义过一个远程服务器以后，将使用已定义过的服务器设置。
- 启用缓存：如果选中了此复选框，当用户在站点中创建文件夹时，将会自动在该目录下生成一个名为 _notes 的缓存文件夹，该文件夹默认是隐藏的。每当用户添加一个文件，Dreamweaver CS5 就会在该缓存文件中添加一个体积很小的文件，专门记录该文件中的链接信息。当用户修改某个文件中的链接时，Dreamweaver CS5 也会自动修改缓存文件中的链接信息。这样当修改某个文件的名称时，软件将不需要读取每个文件中的代码，而只要读取缓存文件中的链接信息即可，可以大大节省更新站点链接的时间。

6.3.3 多站点管理

1. 任务要求
(1) 管理多个网站。
(2) 实现站点的切换、添加、删除等操作。

2. 操作步骤
(1) 在"管理站点"对话框中单击"新建"按钮,就可以打开站点定义对话框创建一个新站点,新建站点的名称将出现在"管理站点"对话框中。这里单击"新建"按钮创建另外一个站点 mywebsite 2,如图 6-18 所示。

(2) 如果要在"文件"面板中显示其他站点的名称,可以先在"管理站点"对话框中选中要显示的站点,然后单击"完成"按钮。另外,在"文件"面板顶部的下拉列表框中,选择要切换到的站点,也可以在站点之间进行切换,如图 6-19 所示

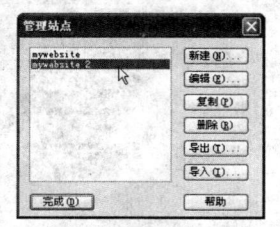

图 6-18　创建的新站点 mywebsite 2 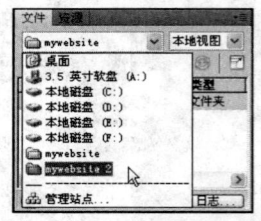　　　图 6-19　在下拉列表框中选择要切换的站点

(3) 在"管理站点"对话框中,选中要编辑站点的名称,然后单击"编辑"按钮,就可以重新打开站点定义对话框,修改选中站点的属性。

(4) 如果新建站点的设置和已经存在的某个站点的设置大部分相似,就可以使用复制站点的方法。首先在"管理站点"对话框中选中要复制的源站点的名称,然后单击"复制"按钮,就可以产生一个新的站点。由于复制出的站点的设置和被复制的源站点相同,因此还需要修改站点的某些设置,如站点的存放目录等。

(5) 如果只是想从 Dreamweaver CS5 的"管理站点"对话框中删除站点,可以先选中要删除的站点名称,然后单击"管理站点"对话框中的"删除"按钮。删除站点时只是删除 Dreamweaver CS5 中的站点定义信息,并不会删除硬盘中的站点文件。

(6) 在"管理站点"对话框中单击"导出"按钮,可以把选中站点的设置导出为一个 XML 文件。在"管理站点"对话框中单击"导入"按钮,可以把导出的包含站点设置信息的 XML 文件再次导入。

6.4　浏览器的使用

实验目的
- 学会使用 Internet Explorer 浏览器
- 学会下载、使用收藏夹和历史记录等操作

1. 任务要求
(1) 使用 Internet Explorer 浏览器访问百度网站。

(2) 将百度网站添加到收藏夹的指定位置
(3) 下载文件。
(4) 查看历史记录

2. 操作步骤

(1) 运行"开始>所有程序>Internet Explorer"命令，启动 Internet Explorer 浏览器（后面简称 IE 浏览器），如图 6-20 所示。

(2) 在 IE 浏览器左上的地址文本框中输入 www.baidu.com，也就是站点的地址，按 Enter 键确认，如图 6-21 所示。

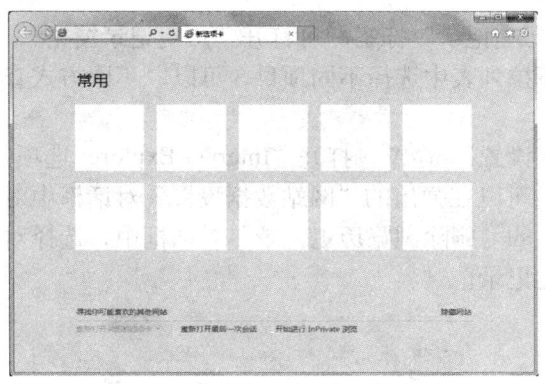

图 6-20　打开 IE 浏览器

图 6-21　输入站点地址

(3) 单击页面右上角的五角星图标，打开收藏夹窗格，如图 6-22 所示。在已有的文件夹上右击鼠标，选择"新建文件夹"命令，输入 123 即可。单击窗格上方的"添加到收藏夹"按钮，在"创建位置"下拉列表框中选择 123 目录，如图 6-23 所示。确认后即可把百度的首页添加到收藏夹，并存放到 123 目录中。

图 6-22　浏览器窗格

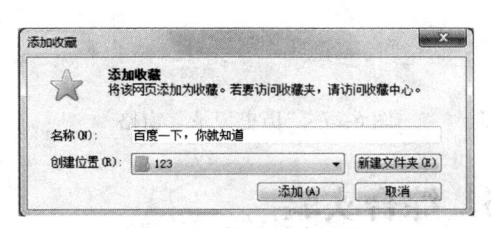

图 6-23　输入站点地址

图 6-24　软件列表

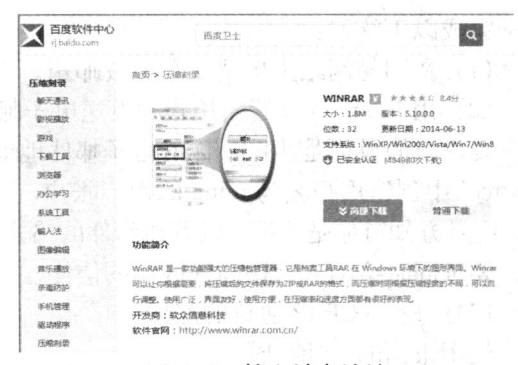

图 6-25　输入站点地址

（3）在百度的页面上输入"下载"字样，按 Enter 键确认，页面上会出现如图 6-24 所示的软件列表，单击 winrar 图标，打开如图 6-25 所示的页面。

（4）此时有两种下载方法。其一，直接单击"普通下载"，页面下方会出现如图 6-26 所示的对话框，选择"保存"即可。其二，在"普通下载"上右击鼠标，在弹出的菜单中选择"目标另存为"命令，选择保存路径即可。

图 6-26　下载提示对话框

（5）在如图 6-22 所示的对话框中，单击"历史记录"标签即可打开"历史记录窗格"，在其中可以找到浏览网页的历史记录，通过在下拉列表中选择不同项目，可以以不同方式查找具体的访问记录。如图 6-27 所示。

（6）单击齿轮图标，选择"Internet Explorer 设置"命令，打开"Internet Explorer 选项"对话框，如图 6-28 所示。单击"设置"按钮后，可以在弹出的"网站数据设置"对话框中对历史记录进行设置。单击"删除"按钮，在弹出的"删除浏览历史记录"对话框中，选择对应项目，单击"删除"按钮即可删除相应的历史记录。

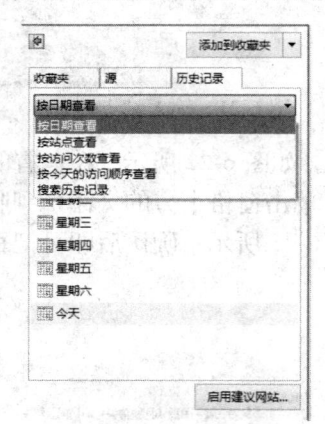

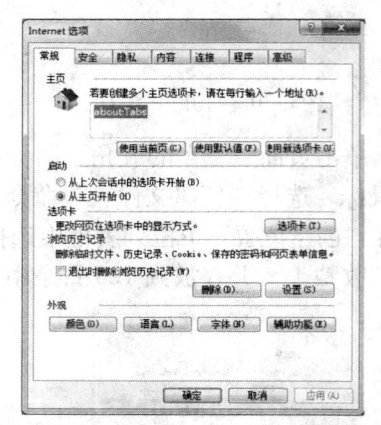

图 6-27　"历史记录"窗格　　　　图 6-28　"Internet Explorer 选项"对话框

6.5　综合实验

完成以下练习：

（1）在网易网站上申请一个免费邮箱。

（2）用 Foxmail 设置新用户并发送电子邮件。

要求：假设你是小明，你的电子邮件地址是 xiaoming@126.com，密码是 xiaoming。在 Foxmail 中创建用户名为 ming 的用户账户，以便管理你的电子邮件，同时当你发送电子邮件时，让对方知道你是小明。以普通信件的格式给 kate@163.com 和 lucy@yahoo.com.cn 发送邮件，要求同时给两人发送同样内容的信件，且两个人不知道你把同样的信发给他们。

（3）进行 TCP/IP 协议的配置。

使用下面的 IP 地址：

IP 地址：172.18.56.112
子网掩码：255.255.255.0
默认网关：172.18.56.253
首选 DNS 服务器：202.194.145.99

6.6 本章习题

一、单项选择题

1. 在计算机网络中，通信子网的主要作用是_____。
   A. 负责整个网络的数据处理业务　　　B. 向网络用户提供网络资源
   C. 向网络用户提供网络服务　　　　　D. 承担全网的数据传输、加工和交换等
2. 计算机网络中的计算机系统主要担负_____工作。
   A. 数据处理　　　B. 数据通信　　　C. 数据存储　　　D. 数据交换
3. 网络节点是计算机与网络的_____。
   A. 接口　　　　　B. 中心　　　　　C. 转换　　　　　D. 缓冲
4. 为网络提供共享资源的基本设备是_____。
   A. 服务器　　　　B. 工作站　　　　C. 服务商　　　　D. 网卡
5. 按照计算机网络的_____进行划分，可将网络划分为总线型、环型和星型等。
   A. 互联设备　　　B. 通讯性能　　　C. 拓扑结构　　　D. 覆盖范围
6. 网络的传输介质分为有线传输介质和_____。
   A. 无线传输介质　B. 交换机　　　　C. 光纤　　　　　D. 红外线
7. 计算机网络中常用的传输媒质按传输速度由慢到快来排列，顺序正确的是_____。
   A. 双绞线、同轴电缆、光纤　　　　　B. 同轴电缆、双绞线、光纤
   C. 同轴电缆、光纤、双绞线　　　　　D. 双绞线、光纤、同轴电缆
8. 下列关于双绞线的说法不正确的是_____。
   A. 双绞线内有互相绝缘的两条导线
   B. 双绞线采用绞合的目的是为了减少对外界导线的电磁干扰
   C. 双绞线可分为屏蔽双绞线和非屏蔽双绞线两种
   D. 双绞线传输距离可达几公里
9. 下列关于无线传输的说法不正确的是_____。
   A. 无线传输通常使用微波
   B. 无线传输主要有两种形式：微波通信和卫星通信
   C. 微波是沿直线传输的
   D. 微波比短波容易受干扰
10. 以下关于网络的说法，错误的是_____。
    A. 局域网的覆盖范围一般是 10 公里以内
    B. 广域网的覆盖范围可以是几十公里到几万公里以内
    C. 城域网的覆盖范围一般在一座建筑物内
    D. Internet 属于广域网
11. 计算机网络技术包含的两个主要技术是计算机技术和_____。

A. 微电子技术　　　B. 通信技术　　　C. 数据处理技术　　　D. 自动化技术
12. 计算机网络的目标是实现_____。
　　A. 数据处理　　　　　　　　　　B. 文献检索
　　C. 资源共享和信息传输　　　　　D. 信息传输
13. 和通信网络相比，计算机网络最本质的功能是_____。
　　A. 数据通信　　　　　　　　　　B. 资源共享
　　C. 提高计算机的可靠性和可用性　D. 分布式处理
14. 在计算机网络中，数据资源共享指的是_____。
　　A. 应用程序的共享　　　　　　　B. 外部设备的共享
　　C. 系统软件的共享　　　　　　　D. 各种数据文件和数据库的共享
15. 通常一台计算机要接入互联网，应该安装的设备是_____。
　　A. 网络操作系统　　　　　　　　B. 调制解调器或网卡
　　C. 网络查询工具　　　　　　　　D. 浏览器
16. 客户机服务器模式的局域网，其网络硬件主要包括服务器、工作站、网卡和_____。
　　A. 网络拓扑结构　B. 计算机　　C. 传输介质　　D. 网络协议
17. 网卡（网络适配器）的主要功能不包括_____。
　　A. 将计算机连接到通信介质上　　B. 进行电信号匹配
　　C. 实现数据传输　　　　　　　　D. 网络互连
18. _____是指连入网络的不同档次、不同型号的微机，它是网络中实际为用户操作的工作平台，它通过插在微机上的网卡和连接电缆与网络服务器相连。
　　A. 网络工作站　　B. 网络服务器　　C. 传输介质　　D. 网络操作系统
19. 在下列四项中，不属于OSI（开放系统互连）参考模型七个层次的是_____。
　　A. 会话层　　　　B. 数据链路层　　C. 用户层　　　D. 应用层
20. 在OSI参考模型中，_____的任务是选择合适的路由。
　　A. 传输层　　　　B. 物理层　　　　C. 网络层　　　D. 会话层
21. 计算机网络中，为进行网络中资料的交换而建立的规则、标准或约定是_____。
　　A. 网络协议　　　B. 网络标准　　　C. 网络接口　　D. 调制解调器
22. 以下选项中，_____不是协议的要素。
　　A. 语法　　　　　B. 命令　　　　　C. 语义　　　　D. 时序
23. 网络协议是分层的，以下_____不是分层的原因。
　　A. 有助于网络实现　　　　　　　B. 有助于加强网络的管理
　　C. 有助于网络产品的生产　　　　D. 能促进标准化工作
24. TCP协议称为_____。
　　A. 网际协议　　　　　　　　　　B. 传输控制协议
　　C. Network内部协议　　　　　　D. 中转控制协议
25. 要使用Windows系统电脑上网，首先要对_____进行设置。
　　A. Moderm　　　B. 工作站　　　　C. 服务器　　　D. 网络和拨号连接
26. 如果计算机需要链接到Internet，必须安装"Internet协议（___）"组件。
　　A. TCP/IP　　　B. 协议转换器　　C. IPX/SPX　　D. NetBEUI
27. Internet实现了分布在世界各地的各类网络的互联，其最基础和核心的协议是_____。

A. TCP/IP　　　　　B. FTP　　　　　　C. HTML　　　　　　D. HTTP
28. 在Internet中，FTP是一种_____。
    A. 文件传输协议　　B. 超文本协议　　　C. 电子邮件服务　　D. 网络追踪工具
29. 从Internet下载文件通常使用的是Internet的_____功能。
    A. E-mAil　　　　　B. FTP　　　　　　C. WWW　　　　　　D. Telnet
30. Internet网中，匿名FTP是指_____。
    A. 一种匿名邮件的名称　　　　　　　　B. 在Internet上没有地址的FTP
    C. 允许用户免费登录并下载文件的FTP　D. 用户之间传送文件的FTP
31. 域名是Internet服务提供商（ISP）的计算机名，域名中的后缀.gov表示机构所属类型为_____。
    A. 军事机构　　　　B. 政府机构　　　　C. 教育机构　　　　D. 商业公司
32. 中国国家网格建设的两大节点在北京和_____。
    A. 西安　　　　　　B. 广州　　　　　　C. 南京　　　　　　D. 上海
33. 下列各项中，不能作为IP地址的是_____。
    A. 202.96.0.1　　　B. 202.110.7.12　　C. 112.256.23.8　　D. 159.226.1.18
34. WWW是_____。
    A. 局域网的简称　　B. 广域网的简称　　C. 万维网的简称　　D. Internet的简称
35. 为了能在Internet上正确的通信，每台网络设备和主机都分配了唯一的地址，该地址由数字并用小数点分隔开，它称为_____。
    A. WWW服务器地址　　　　　　　　　B. TCP地址
    C. WWW客户机地址　　　　　　　　　D. IP地址
36. Internet网中当你使用WWW浏览页面时，你所看到的文件叫作_____文件。
    A. DOS　　　　　　B. Windows　　　　C. 超文本　　　　　D. 二进制
37. 与Web站点和Web页面密切相关的一个概念称"统一资源定位器"，它的英文缩写是_____。
    A. UPS　　　　　　B. USB　　　　　　C. ULR　　　　　　D. URL
38. Internet中统一资源定位器URL的基本格式中的http表示_____。
    A. 超文本传输协议　　　　　　　　　　B. 主机的域名
    C. 资源在主机上的存放路径　　　　　　D. 用户名
39. 超文本的含义是_____。
    A. 该文本中包含有图像　　　　　　　　B. 该文本中包含有声音
    C. 该文本中包含有二进制字符　　　　　D. 该文本中有链接到其他文本的链接点
40. 关于"链接"，下列说法中正确的是_____。
    A. 链接指将约定的设备用线路连通　　　B. 链接将指定的文件与当前文件合并
    C. 单击链接就会转向链接指向的地方　　D. 链接为发送电子邮件做好准备
41. 关于Internet起源的说法，_____是错误的。
    A. Internet是计算机技术和现代通信技术相结合的产物
    B. Internet的前身是ARPAnet
    C. NSFnet替代了ARPAnet
    D. Internet是一种网络的网络

42. 下列选项中，_____不是 WWW 系统的组成部分。
    A. 超文本传输协议　　　　　　　　B. WWW 客户机
    C. WWW 服务器　　　　　　　　　　D. Internet
43. 电子邮件是一种计算机网络传递信息的现代化通讯手段，与普通的邮件相比，它具有_____的特点。
    A. 免费　　　　B. 安全　　　　C. 快速　　　　D. 复杂
44. Internet 网中用户的电子邮件地址中必须包括以下_____所给出内容，才算是完整。
    A. 用户名、用户口令、电子邮箱所在的主机域名
    B. 用户名、用户口令
    C. 用户名、电子邮箱所在的主机域名
    D. 用户口令、电子邮箱所在的主机域名
45. Internet 中电子邮件地址由用户名和主机名两部分组成，两部分之间用_____符号相隔开。
    A. ://　　　　B. /　　　　C. \　　　　D. @
46. 关于电子邮件，下列说法中错误的是_____。
    A. 发送电子邮件需要 E-mAil 软件支持
    B. 发件人必须有自己的 E-mAil 账号
    C. 收件人必须有自己的邮政编码
    D. 必须知道收件人的 E-mAil 地址
47. 在 Internet Explore 中，_____叫主页。
    A. WWW 中最重要的页面　　　　　　B. 访问一个网站时显示的第一个页面
    C. Internet 的技术文件　　　　　　　D. NetscApe 导航系统的电子邮件界面
48. 通过_____可以把自己喜欢的、经常要上的 Web 页保存下来，这样以后就能快速打开这些网站。
    A. 收藏夹　　　　B. 浏览器　　　　C. 回收站　　　　D. 我的电脑
49. 下列_____不是 Internet 提供的服务。
    A. 电子邮件　　　B. 文件传输　　　C. 电子布告栏　　　D. 文字处理
50. Internet 网中计算机的地址可以写成_____格式或域名格式。
    A. 绝对地址　　　B. 相对地址　　　C. IP 地址　　　D. 网络地址
51. 在 Internet 上为每一台计算机指定了唯一的_____位的地址，称为 IP 地址。
    A. 128　　　　B. 16　　　　C. 32　　　　D. 8
52. 信息安全包括四大要素：技术、制度、流程和_____。
    A. 人　　　　B. 计算机　　　　C. 网络　　　　D. 安全
53. 下列选项中，_____不是网络信息安全的技术特征。
    A. 可靠性　　　B. 可执行性　　　C. 保密性　　　D. 可用性
54. 在网络信息安全中，_____是指以各种方式有选择的破坏信息。
    A. 被动攻击　　　B. 主动攻击　　　C. 必然事故　　　D. 偶尔事故
55. 计算机病毒的特点是_____。
    A. 传染性、潜伏性、安全性　　　　B. 传染性、潜伏性、破坏性
    C. 传染性、破坏性、易读性　　　　D. 传染性、安全性、易读性

56. 下面列出的计算机病毒传播途径，不正确的是_____。
   A. 使用来路不明的软件   B. 通过借用他人的外存储器
   C. 机器使用时间过长   D. 通过网络传输
57. 下列关于计算机病毒的叙述中，正确的选项是_____。
   A. 计算机病毒只感染.exe 或.com 文件
   B. 计算机病毒可以通过读写软件、光盘或 Internet 网络进行传播
   C. 计算机病毒是通过电力网进行传播的
   D. 计算机病毒是由于软件片表面不清洁而造成的
58. 密码学中，发送方要发送的消息称作_____。
   A. 原文   B. 密文   C. 明文   D. 数据
59. 加密算法和解密算法是在一组仅有合法用户知道的秘密信息的控制下进行的，该密码信息称为_____。
   A. 密钥   B. 密码   C. 公钥   D. 私钥
60. 非法接受者试图从密文分析出明文的过程称为_____。
   A. 破译   B. 解密   C. 读取   D. 翻译
61. HTML 标记名写在_____内。
   A. ( )   B. < >   C. [ ]   D. { }
62. 一般 HTML 文件都是_____以开头，以_____结束。
   A. <html><html>   B. <html> </html >
   C. </html><html>   D. <html><html/>
63. 在_____窗口底部有"设计"、"拆分"、"代码"和"预览"四个标签。
   A. 文件夹视图   B. 报表视图   C. 网页视图   D. 任务视图
64. 在 FrontPage 2003 中，网页的布局一般通过表格和_____的使用来实现。
   A. 表单   B. 框架   C. 层   D. 段落
65. 以下关于 FrontPage 中有关表格的说法错误的是_____。
   A. FrontPage 的表格是用来控制网络布局的重要手段之一
   B. FrontPage 的表格可以设置边框和某些参数使其在浏览器不可见
   C. FrontPage 的表格可以插入来自文件的图片和剪贴画
   D. FrontPage 的表格中可以插入数学公式进行计算
66. _____将浏览器窗口划分为几个区域，每个框架中都可以显示一个独立的网页。
   A. 表格   B. 表单   C. 框架   D. 分组框
67. _____的作用是手机用户的输入信息，从而实现网站与用户的交互。
   A. 表单   B. 表格   C. 框架   D. 交互式按钮

二、多项选择题
1. 计算机网络由_____组成。
   A. 终端   B. 计算机系统   C. 网络节点
   D. 通信链路   E. CPU
2. 从逻辑功能上看，可以把计算机网络分为_____和_____两个子网。
   A. 通信子网   B. 软件子网   C. 资源子网   D. 硬件子网

3. 计算机网络的功能有_____。
   A. 消息服务 B. 集中控制、管理及分配网络资源
   C. 数据通信、资源共享 D. 提高系统的可靠性、稳定性
4. 计算机网络根据网络覆盖范围可以划分为_____。
   A. 局域网 B. 城域网 C. 广域网
   D. 国际互联网 E. 总线型网
5. 本地连接是指利用_____和网线与_____的连接。
   A. 网卡 B. 局域网 C. RJ-45 D. 调制解调器
6. 以下属于计算机病毒预防措施的是_____。
   A. 安装杀毒软件或病毒防火墙
   B. 保持环境卫生，定期使用消毒药水擦洗计算机
   C. 使用任何新软件和硬件必须先检查
   D. 安装可以监视 RAM 中的常驻程序并且能阻止对外存储器的异常操作的硬件设备
   E. 对所有系统盘和文件等关键数据进行保护
7. 下列关于 E-mAil 的功能，说法不正确的是_____。
   A. 用户读完电子邮件后，邮件自动从服务器删除
   B. 用户写完 E-mAil 后，必须立即发送
   C. 利用"转发"功能，可以将邮件发给其他人
   D. 用户收到 E-mAil 一定按日期排序
   E. 在发送电子邮件时，一次只能发给一个人
8. 可以编写网页的文本处理软件有_____。
   A. 记事本 B. 写字板 C. Excel D. PowerPoint
9. 以下有关 HTML 语言的说法正确的是_____。
   A. HTML 语言是一种标记语言
   B. HTML 语言编写的网页实际是一种文本文件，它以.htm 或.html 为扩展名
   C. 我们可以使用任何文本处理软件编写 HTML 文件
   D. HTML 文档又称为网页
10. 超链接由链接载体和链接目标两部分组成，链接目标可以是_____。
    A. 图片 B. 页面 C. 多媒体文件 D. 电子邮件地址

三、判断题

1. 计算机网络中的计算机系统的任务是进行信息的采集、存储和加工处理。
2. 网络节点一般由一台通信处理机或通信控制器来担当。
3. 中继器的作用就是放大电信号，提供长流以驱动长距离电缆，增加信号的有效传输距离。
4. 无线传输的主要形式有无线电频率通信、红外通信、卫星通讯等。
5. TCP/IP 协议实际上是一组协议，是一个完整的体系结构。
6. 能使用 Internet 的所有计算机都有独一无二的 IP 地址。
7. 子网掩码是用来判断任意两台计算机的 IP 地址是否属于同一子网的依据。
8. 门户网站即搜索引擎，可以通过它访问各种信息资源。

9. 用户在连接网络时，使用 IP 地址与域名地址的效果是一样的。
10. 要在电子邮件中传送一个文件，可以借助电子邮件中的附件功能。
11. 同一个 IP 地址可以有若干个不同的域名，但每个域名只能有一个 IP 地址与之对应。
12. 计算机病毒的破坏性主要有两方面：一是占用系统资源，影响系统正常运行；二是干扰或破坏系统的运行，破坏或删除程序或数据文件。
13. 非法接受者试图从密文分析出明文的过程称为解密。
14. 计算机病毒可能破坏硬件。
15. 不管计算机病毒有没有触发，都会对系统产生影响。
16. HTML 标记不区分大小写。
17. 超链接是只从一个网页指向一个目标的链接关系，这个目标必须是另一个网页。
18. 建立超链接后，可以修改链接，但不可以取消链接。
19. 字幕是一种使网页中的文字按照一定的规律来回不停地移动的动态效果。
20. 若框架网页中只有一个框架，则不能删除该框架。

参 考 答 案

第1章

一、单项选择题

1-5 CBCDA	6-10 CAABC	11-15 BCDDA	16-20 BBDCB
21-25 CCADA	26-30 ABCBA	31-35 BABAC	36-40 BCBCA
41-45 ABDBC	46-50 CBCBC	51-55 AADBC	56-60 CBBDC
61-65 CCBBD	66-70 CCADB	71-75 DABCB	76-80 CBBBB

二、多项选择题

1. ABCD	2. ABCDE	3. ABC	4. ABCD	5. AB	6. ABCD
7. ABCD	8. ABE	9. ABCD	10. ABCD	11. ABCD	12. AC
13. BC	14. ABC	15. ABCD	16. CD	17. ACD	18. BCD
19. ABCD	20. AB	21. ABCD	22. AB	23. BCD	24. ABCD
25. BD	26. ABCD	27. ABD	28. ABC	29. ABCD	30. AC
31. ABC	32. ABCD	33. ABCD	34. ABE	35. ABC	36. ABC
37. ABD	38. ABD	39. ABD	40. ABDE	41. BC	42. BCD
43. ABC	44. AD	45. ABC	46. ABD		

三、判断题

1-5 FTFFF	6-10 TFTFF	11-15 TTTTT	16-20 TTTFF
21-25 FFTTT	26-30 TFFTF	31-35 TFFTT	36-40 FTTTF
41-45 TTTFT	46-48 FFT		

第2章

一、单项选择题

1-5 ABABD	6-10 ABCAD	11-15 ABCAC	16-20 CDBCC
21-25 ADBCB	26-30 CDDCC	31-35 CCBAB	36-40 DBDDA
41-45 CBACC	46-50 DBCCB	51-55 DCCDA	56-60 CACDC

二、多项选择题

1. ABC	2. B	3. ABCD	4. BD	5. ACD	6. ABCD
7. ABD	8. ABCD	9. ABCD	10. AB	11. ABCD	12. ABCD
13. AB	14. ABCD	15. ABCD	16. ABD	17. ABC	18. ABCD
19. ABC	20. AD	21. BCD	22. AB	23. ABCD	24. ABD
25. AB	26. BD	27. ABC	28. ABC	29. BC	30. BCD
31. ABC	32. ABCD	33. AC	34. ABD	35. BC	36. ACD
37. ABCD	38. ABD	39. ABC	40. AB	41. BCD	42. AB

43. AD	44. ABCD	45. ABD	46. ABCD	47. ABCD	48. ABCD
49. ABCD	50. ABC	51. AB	52. ABD		

三、判断题

51-55	TTTTF	56-60	FTFTF	61-65	TTFTT	66-70	TTFTF
71-75	FTTTF	76-80	TFTTF	81-85	TFFFF	86-90	TTTFT
91-95	FFTTF	96-100	FFFFF				

第3章

一、单项选择题

1-5	CBBBA	6-10	CBDCD	11-15	BDBDD	16-20	ADAAC
21-25	CBCAD	26-30	BDABB	31-35	BCBDB	36-40	DCABD
41-45	BBCAB	46-50	DDBDC	51-55	CDBAC	56-60	CDBBD
61-65	ABBDD	66-70	DBBCC	71-75	CCCBB	76-80	CACDD
81-85	BABBC	86-90	ACCBD	91-95	ACCBD	96-100	CDDAA

二、多项选择题

1. ABCDE	2. ABC	3. BCE	4. BCE	5. ACE	6. ABCDE
7. CDE	8. ACE	9. AB	10. ACDE	11. ABE	12. BDE
13. AC	14. ABE	15. ACD	16. BCD	17. ADE	18. ABCDE
19. CE	20. BD	21. ABCD	22. ACDE	23. ABC	24. ABD
25. BCDE	26. ABCE	27. ABC	28. ABDE	29. BCD	30. ABCDE
31. AB	32. ABCD	33. BCD	34. BCE	35. ABCDE	36. BCD
37. ABCDE	38. ADE				

三、判断题

1-5	FTFTT	6-10	TTTTF	11-15	TFFTT	16-20	TTFTF
21-25	TFFFF	26-30	TTFTT				

第4章

一、单项选择题

1-5	DCDDA	6-10	CCBAC	11-15	ADCAD	16-20	CBCCB
21-25	DAADD	26-30	CABCD	31-35	DDDAC	36-40	CABDB
41-45	DCABD	46-50	BDCDD	51-55	DABDA	56-60	BBAAC
61-65	DBCBB	66-70	ACBBB	71-75	CBABB	76-80	ACBAB
81-85	CDBCA	86-90	BDCDB	91-95	CDACD	96-100	DACBA

二、多项选择题

1. ABCD	2. AB	3. AB	4. ABCD	5. BC	6. ABCD
7. ABC	8. ABCD	9. ABCD	10. ABC	11. ABC	12. ABCD

13. ABCD		14. ABCD		15. ABCD		16. ABC		17. ABCD	18. ABCD
19. BCDE		20. AB		21. AD		22. AD		23. CD	24. ABD
25. ABCD		26. BCD		27. ABD		28. AB		29. AB	30. AD
31. ACD		32. AB		33. ABCD					

三、判断题

1-5	TTTFF	6-10	TFTFT	11-15	TFTTT	16-20	TFFTT
21-25	TFTTT	26-30	TTTTT	31-35	FFTFT	36-40	TTTFT
41-45	TTTFF	46-50	TFTFF	51-55	TFTFF	56-61	FTFFTF

第 5 章

一、单项选择题

1-5	CCDAC	6-10	BDBBB	11-15	ACACA	16-20	DDBBD
21-25	BBCCB	26-30	CCBCA	31-35	BCCAC	36-40	BBCDB

二、多项选择题

1. ABCDE	2. ABCD	3. ABCD	4. ABCD
5. ABC	6. BCD	7. ABC	8. BD
9. AC	10. ABC		

三、判断题

1-5	FTTTF	6-10	TTFTT

第 6 章

一、单项选择题

1-5	DAAAC	6-10	AABDC	11-15	BCBDB	16-20	CDACC
21-25	ABBBD	26-30	AAABC	31-35	BDCCD	36-40	CDADC
41-45	CDCCD	46-50	CBADC	51-55	CABBB	56-60	CBCAA
61-65	BBCBD	66-67	CA				

二、多项选择题

1. BCD	2. AC	3. BCD	4. ABCD
5. AB	6. ACDE	7. ABDE	8. AB
9. ABCD	10. ABCD		

三、判断题

1-5	TTTTT	6-10	TTFTT	11-15	TTFTF	16-20	TFFTT